美，就行了

治愈身心的变美必修课

[日]加藤惠美子 著
赵 霞 常思薇 译

北京联合出版公司
Beijing United Publishing Co.,Ltd.

图书在版编目（CIP）数据

美，就行了：治愈身心的变美必修课 / (日) 加藤惠美子著；赵霞，常思薇译. -- 北京：北京联合出版公司，2024.7

ISBN 978-7-5596-7382-4

Ⅰ.①美… Ⅱ.①加… ②赵… ③常… Ⅲ.①美学 - 通俗读物 Ⅳ.①B83-49

中国国家版本馆 CIP 数据核字（2024）第 036884 号

美しければすべて良し
UTSUKUSHIKEREBA SUBETE YOSHI
Copyright © 2022 by Emiko Kato
Original Japanese edition published by Discover 21, Inc., Tokyo, Japan
Simplified Chinese edition published by arrangement with Discover 21, In through Chengdu Teenyo Culture Communication Co.,Ltd.
北京市版权局著作权合同登记号　图字：01-2024-0577

美，就行了：治愈身心的变美必修课

作　　者：[日]加藤惠美子
译　　者：赵　霞　常思薇
出 品 人：赵红仕
责任编辑：高霁月
特约编辑：高继书　姬　巍
封面设计：末末美书
内文排版：水京方图文设计

北京联合出版公司出版
（北京市西城区德外大街83号楼9层　100088）
北京联合天畅文化传播公司发行
北京美图印务有限公司印刷　新华书店经销
字数 155 千字　787 毫米 × 1092 毫米　1/32　12.25 印张
2024 年 7 月第 1 版　2024 年 7 月第 1 次印刷
ISBN 978-7-5596-7382-4
定价：58.00 元

版权所有，侵权必究
未经书面许可，不得以任何方式转载、复制、翻印本书部分或全部内容
本书若有质量问题，请与本公司图书销售中心联系调换。电话：(010) 64258472-800

目 录

前 言
1

第一部分
日常生活中的行为之美
001

第二部分
坚强、美丽的心灵,塑造人的内在品格
225

后 记
365

前　言

生活中的美可以消除人身体的疲劳，抚慰人的心灵，从明天开始也让自己的生活变得更美吧。

拥有活得更美、变得更美的想法，既是美好生活的开始，也是改善人性的尝试。

日常生活是以衣、食、住、行为中心的综合性活动，以"美"的视角重新审视、整合这些活动，你就能够获得"美的生活"和"品质生活"。

美的生活并没有什么特别之处，带着审美意

识,你就可以将琐碎的日常生活重新整合成具有美感的"品质生活"。

拥有品质生活的重点不在于拥有多少物质财富,而在于你能发现日常生活中的行为之美。

"向美而生"需要具备"内在美",最重要的是有"品格"。这样,在情绪低落时,你就可以自我调整,不会在逆境中迷失自我。也就是说,内在的高尚品格可以构筑美好的情感,从而让你坚强、自由地生活。

在日常生活中,认真地寻找"美"也是一件非常愉悦的事。如果你每天都很惬意,那就说明在你的生活中,美已经在汇聚,你自然会笑容增多,幸福感提升。

无论是生活还是性格,只要以"美"的视角

进行自我审视,你就能得到好的结果。

◎ 美的事物和行为可以治愈疲惫的身心。

◎ 美好地度过每一天是很有价值的事情,可以说这就是人生的意义。

◎ 美好的"品质生活"可以塑造人的"品格",这种"品格"可以让你无惧生活中的困难。

◎ 与人建立"美好的羁绊"是最幸福的事。

生活中的美可以消除人身体的疲劳,抚慰人的心灵,让自己更加光彩照人。这就是我说"美,就行了"的原因。

在不可预见、充满不确定性的未来,我们应该清楚地表达内心真实的想法,用心去感受事物的美好、与人交往的美好,并通过思考去定义它们。如此,你会得到自信并创造美的"自我文化"。

对于那些想拥有美好生活的人,我想分享一些有用的基础知识。要想迅速向美的生活靠拢,你只需要了解一些基础知识,并根据自己的风格加以调整即可。

世上充斥着各种宣称能够让人过上美好生活的知识和信息,但请先从阅读这本书开始,从书中打动你的要点开始尝试,辅之以自己的智慧,并将它更好地传递给下一个人吧。你对美好生活的渴望会影响到身边的人,如果像这样传递下去,智慧的总量就会增加,与你志同道合的人也会逐渐增多。

根据自己的经验，我想提出一种既有效又不浪费时间的具体方法，让大家进行尝试，并帮助大家运用这种方法过上高品质生活。

何为空间之美？何为衣装之美？何为食物之美（美味）？我们如何享受生活，正是这本书所探讨的主题——"如何过上美的生活"。

希望本书可以帮到那些想要尝试过上美好生活的人。

加藤惠美子

第一部分

日常生活中的行为之美

1　品质生活源于日常生活中的行为之美

美的生活就是品质生活,品质生活并不是由人们拥有的物质决定的。生活的技巧及处理日常物品的"日常生活中的行为之美"才是最重要的。

物质的拥有量因人而异,因拥有很多昂贵物品而感到满足和幸福的时代即将结束。在品质生活中,满足自己必需的"最低限度"才是重要的。

总之,这个时代要求你具备一定的生活技巧来恰如其分地使用物品,这是一种不可或缺的能力。它创造了品质生活的基础——日常生活中的行为之美。

2 品质生活必须具备的习惯

在我看来,拥有活得更美和变得更美的想法是最重要的。稍微改变一下以前的习惯,提升自己的文化修养,这些都是美好生活的开始。

美不仅存在于华丽、昂贵的物品中,也存在于人们不经意的日常行为中。然而,一个人内在修养的提升、审美意识的提高才是过上美好生活的决定因素。

品质生活与预算无关,积累与品质生活相关的技巧才是通往品质生活的捷径。我们可以通过培养良好的习惯来感受品质生活中的行为之美。

迄今为止,也许你还有很多自己未意识到的生活习惯,试着发现这些习惯,并将其融入你的日常生活中,美就会治愈你。

3 要懂得"美的意义"

首先来思考一下自己对于美的认识。

当你清点自己购买的物品时,就可以看出自己的价值观和审美观。

客观地判断一下,你是单纯按照喜好、便利程度来选择物品的,还是以自己的审美趣味为基准进行选购的,这样就能确定自己的审美倾向。

即使你对自己的审美十分自信,也可能由于当时的心情过于兴奋而做出了不靠谱的选择。话虽如此,物品确实有治愈人心的力量,当时的你应该是感受到了这一点才对其产生了购买的欲望。然而,随着时间的推移,当初购买物品时那种令人心动的感觉可能会逐渐消失,但你也可以将其看作自己审美水平的提高。

选择当下自己觉得美的物品吧,你会被它治愈,然后成长,这就是进步。

4　美可以抚慰心灵

美的事物会让人在不经意间产生"就是它了"的感觉,也可以说,美的事物拥有一种莫名的吸引力。

真正的优雅代表着舒适和精致。除了物品本身和摆放物品的环境空间,优质、周到的服务也与之相称。如果接受服务的一方也拥有让人觉得美好的举止,那么这就是"优雅"。

美的事物可以消除人身体的疲劳,抚慰人的心灵,这就是美的意义及作用,可以说,这就是真正的"品质"。

5 纯粹的热情是跨越时代的

由于每个人对于美的感受力不同,其感受和接受美的方式也各不相同。另外,时代不同,人们对"美"的定义也会随着时代的发展而发生变化。

跨越时代的美是创造者纯粹热情的直接表达。艺术拥有丰富的内涵,众多的艺术表现形式(绘画、雕塑、戏剧、舞蹈、音乐)交错重叠,形成了不同的美。有些事物虽然会随着时代发展而消逝,但体现"美的原则"的事物即使历经千年也会依然存在。只要展现了"美的原则",它们就永远不会消失,即使在某个时代被遗失了,也会(以另一种形式)重新复活。

人们对于美有着不同的观点,我们要尊重对方的观点,相互交流。当我们讨论如何感受美时,美的多样性、趣味性才得以存在,这是让人感到有意思且愉快的一件事情。

6 感受"实用之美"

古代日本人对生活用品也有美的追求,它的美不是豪华的,而是简单的、实用的,这就是日式美学的特征之一——实用(工艺)。

日本人对日常生活中经常使用的物品也在追求美,并在追求中创造出了美。

前人通过与自然和谐相处,以自然为师,懂得了使用美的物品。他们被美治愈,学会了用美给予生命能量。

到了现代,在生活用品方面,我们应该更加重视使用美的元素。例如,日本的和服就因简单、便利而具有与现代生活相契合的美感。对现代人而言,和服既可以穿得休闲又可以穿得奢华,极具灵活性。

7 日本人感受到的美是简单的"综合之美"

日本人感受到的美,并非孤立之美,更多的是通过情景、行为等表现出的"综合之美"。他们喜欢感受随着时间变化和季节变化产生的情绪之美。例如,表现自然的风景画就深受日本人的欢迎。而且,画面中作者的留白会使人获得更深的感触。

日本人认为,最有魅力的物品就是"有格调、构图好"的绘画,可能这也是日式美学的一种表达吧。

再看屏风和挂轴,还有能乐、歌舞伎等艺术形式,以及日本的茶道、花道、香道等,我们都能从中看到欧美国家所没有的日式美学。从柔和、优雅的物品中感受美大概是日本人从古至今的习惯。

8 日式美学以朴素为内芯

与以豪华为佳的西方美学相比,日式美学是一种不追求奢华的美,它追求的是自然之理,善用智慧,不做无谓浪费,是以保持心灵纯净、丰盈、自由为导向的"朴素之美"。

"朴素之美"的特征是不引人注目,但干净、舒适、纯净。

"朴素之美"的基本颜色是不太白的白色、不太暗的灰色、在明亮的米色中自然融入的茶色。恰如其分的颜色可以让人们感受到日常生活的安宁。

朴素不是贫穷,不是看起来寒酸,也不是过度禁欲,它可以去除无用之物,让人看清事物真正的美。

既不过度华美也不过于禁欲,就能更好地保持内心的纯净。如果内在的"质朴"能成为一个人的个性,你就能更好地感受到日常生活中的"朴素之美"。

9　西方美学注重豪华

西方美学的基本特征是豪华。财富的集中促进了文化的产生，从而创造了美的概念。例如，18世纪以蓬帕杜夫人为中心的法国贵族所穿的服装，以优雅为轴心，将体现女性之美的全部亮点展露无遗。在现代，服装的风格在整体上变得简单、休闲，然而，美丽的服饰中仍然蕴藏着18世纪"蓬帕杜风格"艺术之遗风。

013

10　通过美获取优质能量

人们之所以会心动,或者受到强烈的震撼,是因为美就隐藏于令人心动或震撼的事物中。有时,人们追求美也是为了获得生命的能量。

生活中必不可少的是那些能让人感动、引起人们共鸣的艺术作品,而艺术能让所有人平等地受益。

爱美者以其言行举止展现自己的审美趣味。有时候,现实社会对特定美的认同常取决于时代的价值观,但美的规律是普遍的。如果每个人都能提高自己对美的感受性,那人们就会离美的真正价值更近一些。

11　愉快地创造"理想的自己"

品质生活以恰到好处的惬意为信条,不必过度铺张,也不必过分引人注目。住的问题解决了,衣、食、行、用等方面的享受就要适可而止。只有衣、食、住、行、用都处于恰当的状态,人才会真正地愉悦起来。在这种状态下,一切都是令人惬意的。因此,追求适度的享受即可,无须过分铺张。

若想在衣、食、住、行、用等方面达到理想的状态,则需要人与物的整体统一。衣、食、住、行、用必然表现在一个人的待人接物中,在人与物的关系中,人是主角(主体地位),人的存在才是美好的。

12　吃身体需要的食物

虽说美是五感（视觉、听觉、嗅觉、触觉、味觉）的整体感受，但视觉感知占其中的87%以上，味觉仅占1%。也就是说，如果食物在视觉上"看起来很好吃"，或者你听到"使用了高级食材的特别菜单"等信息时，即使身体对食物并非那么渴求，你的眼睛和耳朵也会发出"想吃"的信号。

我们应该巧妙地摄取身体所需的营养，并将其作为美味的标准来改善体质，不要被食物的外表迷惑。为此，可以使用让食物看起来更加美味的摆盘和精致的器具来盛放食物，并辅以简单的调味，从而让身体更好地接纳这些食物，食用身体真正需要的美味。

13 吃自己做的食物

超市里卖的速食食品,味道都是单一的。任何时候吃都是一样的味道,其价值也在于味道"始终如一"。

自己购买食材,烹饪营养水平高的食物,对你的身体才更有益处,因为你把美丽和健康的决定权交给了自己。

受当时的天气和自身身体状况的影响,即使你亲自下厨,同一食物的味道也会存在微妙的差异,但只要下功夫,你的烹饪水平就能提高。吃单一化的食物会使味觉固化、僵化,而吃自己亲手做的菜培养出来的味觉也会存在"自己的个性"。而且,自己做的饭没有太多的添加剂,吃起来更让人放心。

我们无须挑战高难度的菜肴,尽可能用营养

丰富的食材，简单方便地做出美味的食物即可。掌握食物的烹饪方法和制作过程至关重要，这也有助于我们通过烹饪和饮食来培养自己的感性思维。

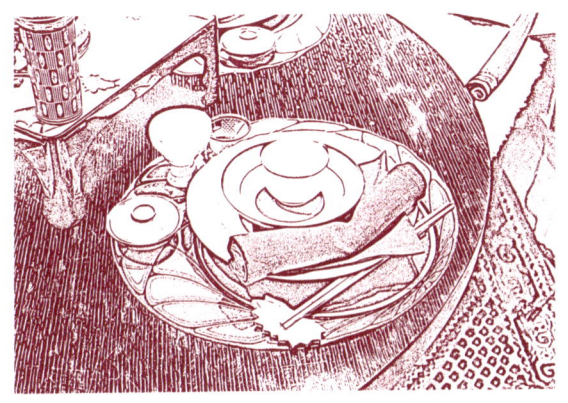

14　在愉快的谈话中进餐

用餐时重要的不仅是食物的外观,食材的搭配,进餐时的环境也很重要。搭配何种食材,和谁一起进餐,在何处进餐……你的味觉感受也是不一样的。

当然,最理想的情况是在愉快的谈话中慢慢地享受美食。享受美食也属于一种休闲娱乐,最好是在愉快的谈话和良好的氛围中进行。

15 饮食与季节相搭配

人们会根据温度和湿度来增减衣物,同样,饮食也要顺应季节的变化。

冬天,人们渴望食用能够暖身的食物,比如汤、炖菜、烩菜等。火锅受欢迎不仅是因为它好吃,也因为涮火锅可以保暖。

夏天,人们会想吃生冷的食物来降温。但是,不要太贪凉,常温的即可。

春天吃点儿绿叶菜,可以将冬天积攒的毒素排出体外。秋天就要为了迎接冬天而开始做准备。

根据季节选择不同的饮食能够塑造柔韧强健的体魄。

16　应季食材简单烹饪

看到美味的菜肴和点心时,你的目光会不由自主地被其吸引,迫切地想要享用。但是,它们并不一定是身体真正需要的食物。

身体真正需要的食物是时令蔬菜和应季食材。当你注意到食物的营养和季节的变化,并有节制地选择时,身体会告诉你"这才是我真正想吃的食物"。

如果你能分辨出应季的廉价食材和优质食材,并学会自己烹饪简餐,你就能创造属于自己的美和健康。

17 食材搭配的规则

烧饭的食材搭配、炖菜的食材搭配及不同食材的组合等都有其固定规则。遵循自古传承下来的规则，可以提高食物的营养价值和美味程度。同时，也要注意食物之间的色彩搭配。

有意识地对食物进行色彩搭配，就会显得食物美味可口又营养丰富，也就是说，美对健康也是有积极作用的。同时，在盛放食物时也要注意"量"的平衡，以容易夹取为原则，盛到容器七分满的程度，那么，容器也可以成为食物美味的原因之一。

18　认识五色、五味、五法

五色：绿、红、黄、白、黑，蔬菜要按颜色食用。

五味：甜味、咸味、酸味、辣味、苦味（其实还要加上鲜味）。

五法：生（切）、煮、烤、蒸、炸。

你也可以按照形状选择食材，比如圆形（整体上看）的食材，像豆类、芝麻、植物种子等。

19　方便的常备菜

醋腌洋葱、腌红菜头、腌小番茄、蒸蔬菜（西蓝花、胡萝卜）、胡椒土豆，以及代替沙拉的万能食料。

20 时令菜饭

春：青豆焖饭、竹笋饭、芦笋和青豆意大利肉汁烩饭。

秋：蘑菇饭、什锦饭和蘑菇意大利肉汁烩饭。

豆饭：黑豆饭、红豆饭和豌豆饭。

21　经典的应季食物

春：蔬菜天妇罗（香椿、油菜花、蜂斗菜）、春笋饭。

夏：普罗旺斯杂烩、咖喱。

秋：嫩煎蘑菇丁。

冬：炖根菜和肉、猪肉酱汤。

22　养成精心布置餐桌的习惯

每天精心地摆放筷子、杯子、盘子等餐具，就相当于在进行餐桌布置的训练。一旦养成习惯，你的手法就会越来越纯熟，即使是在不容有失的特殊时刻，你也不会慌张，能够迅速而美观地将餐桌布置妥当。

当然，也要根据日常的饮食来选择适合饮用的杯子。

桌布和餐巾也是每天都要用到的物品，只要干净、整洁，即使是洗褪色了的也没关系。此外，你还可以试着练习在桌子上铺出没有褶皱的桌布。

23　布置餐桌在饮食生活中必不可少

可以说布置餐桌是"享用美食的准备"。享受美食可以获得营养。在什么位置摆什么菜肴涉及餐桌整体的平衡,这也是空间构成的一部分。

◎ 在桌上摆上合适的餐具,人们就能舒适地享受美食。

◎ 饮料要与菜肴相互搭配,同时,也要选择与饮料相称的玻璃杯。

◎ 准备好方便使用的器物、餐具和筷子。

◎ 有时还可以搭配鲜花,用花的色彩来增加故事性。

◎ 桌布可以传达出一种清洁感和上乘的质感。

如果你在日常生活中就习惯讲究布置,那么在会客和特别日子也会更加得心应手。每日在饮食上精心安排是为了能在特别日子做到游刃有余,如此,你可以自信地说,这是在打造"自我文化"。

24　摆盘达人

摆盘有在视觉上提升食物美味的效果。

◎ 注意颜色的搭配、形状的搭配、摆盘的立体感，同时，注意食材易于入口的形状和尺寸。

◎ 好的摆盘让人们在吃的时候便于夹取，不容易将食物洒出。

◎ 好的盛盘是盛到容器的七分满，当然，也要考虑到盛盘的平衡感。

◎ 切忌盛得太满，不够再加即可。

◎ 家庭中的摆盘只要看着自然就好。

25 根据时间、地点、目的选择着装

虽然现在自由休闲的装扮已经成为主流,但我们还是要根据时间、地点、目的而选择着装,不妨多做一些让自己变美的练习。

高品质的服装,无论何时都能引导你做出与之相配的、美的举止。

26　工作着装

无袖紧身连衣裙搭配短外套是很经典的穿搭，围上丝巾，你还能应付工作结束后的私人时间。

用腰带凸显腰身，可以张弛有度地展现个性。

套装是不需要你费心思搭配也显得很得体的装扮，所以很方便。裤子、大衣和连衣裙的套装即为不错的选择。

内搭选择同色系中比较亮的颜色，更能凸显你的品位。

没有领子的夹克很百搭，西装领可能更适合线条清晰的成熟面孔。

27　私人着装

无论居家、外出,还是在花园派对上,你都可以选择用宽松的裙子搭配不同的服装来改变自己的氛围感。

裤装有时能让身高在160厘米以上的人看起来很会穿搭。

身材矮小也可以穿紧身裤,但要注意上下衣着的平衡,把重点放在上衣上是不会出错的。

平时的家居服以针织连衣裙为宜,活动方便且经典,再用腰带显出腰身就更好了。你也可以选择羊毛开衫这种经典的百搭服装。如果选择轻便的短上衣,搭配针织连衣裙也能应付购物、附近外出及会客等场景。

冬天的高领毛衣也很时尚,特别适合脖子纤长的人。

28　派对聚会着装

晚礼服是根据露肩等方式来表现美的，露肩、露背的裙子都很百搭。裙子的宽松度与穿者的年龄相匹配可以彰显人的气质，宽松的裙子显得人有朝气，紧身的裙子显得人很高雅。

29　自由着装

如果要欣赏最新的时尚穿搭,就可以看看MET Gala[①]。在派对上,穿着最新款服装的名流纷纷出现在红毯上。不过,他们的服装很难为我们提供日常参考,倒不如将其看作具有艺术风格的时装作品。

那些服装代表了一个方向,那就是打破规则——只要适合,大家能享受其中就好。人们对鞋子、发饰等的选择也是极其自由的,但即便没有什么规定,人们在派对上也要穿礼服。

[①]　纽约大都会艺术博物馆慈善晚宴,它是时尚界最盛大的活动之一,每年都会吸引众多明星、设计师和时尚界人士参加。——译者注

30　配饰的搭配方法

项链的选择要与衣领的形状相匹配。圆领搭配与领口同样曲线长度的项链，V领搭配带吊坠的项链，且戴在领口内侧（贴在皮肤上）比较得体。

如果戴胸针的话，穿短上衣和连衣裙就会显得整个人很整洁，这也可以说是对对方表示尊重的一种礼节。

在现代，手套、帽子的主要用途是御寒，在不必御寒的时候，人们佩戴它们则是为了彰显品位。如果其和服装搭配得当的话则会更显协调。

手套、帽子在什么场合穿戴以及如何穿戴能够体现人的品位。

31　定期检查全部服装

要经常把自己想象成最佳搭配师，养成定期检查衣柜的习惯。我们不能仅仅满足于将物品买到手，还要掌握已有物品的相关知识及其养护方法。

先将衣服搭配好之后再放入衣柜也是一个不错的选择。但是，近年来由于气候不稳定，人的季节感有些错乱，所以有时也要临时重新调整搭配。

断舍离是最基本的做法，但不要轻易得出"将某物扔掉"的结论。你可以试着改变一下物品的用途或者将其改造一下，养成与物品"死磕到底"的习惯。

32　只保留少量衣服

如果不知道自己适合什么样的服装，你可能就会不断购买衣服，处于一种"衣柜里全是衣服，却没有自己想穿的衣服"的状态。其实，只要好好锻炼身体，保持良好的体形和举止，少量的衣服就足够了，这一点就连讲究穿着的人也是认可的。当然，你不能向喜欢收集衣服的"收藏家"询问意见。

虽然每个人的喜好不一样，但人的身体并没有过大的差别。因此，不必冒险去购买更多的服装，抓住几个重点你就能找到自己的风格。

明白这个道理却还在迷茫的人，可能是想要穿比模特的衣服还难以驾驭的服装，那也意味着你无法战胜那件衣服的魅力。

33　普适性着装的基本要点

◎ 衣领的形状要根据自己的脸型选择

圆领和V领的衣服,基本上谁穿都适合。如果你能考虑到领口的大小、V字的深度,就会找到更适合自己的衣领形状。低立领、拉夫领、领结等都很经典。

◎ 袖子要又长又细

又长又细的袖子会显得人的身材很好。

◎ 裙子的长短非常重要

裙子虽然有各种各样的流行款,但是过膝的裙子要凸显出自己小腿最美的部分(5毫米也不能差),不过膝的裙子也一样。白天工作时可以穿活动方便的紧身裙或A字裙。

34 找到自己独树一帜的"好看的颜色"

所谓"好看的颜色",是即使你不经意地一瞥也会发现它有很强的存在感的颜色,而且"好看的颜色"因人而异。选择适合自己的、与脸色相协调的颜色,去找到自己的"个人色"吧。

比起色调,我们也要重视颜色给人的感觉,从中选择能改善自己心情的颜色,使其成为自己独树一帜的"好看的颜色"。

我们还可以通过色彩的使用来区分印象派的法国画家。比如,一看到某种色彩,我们通常就能想到与其对应的画家。那些在色彩使用上极富独特性的艺术家往往才会名留青史。

35 创造自己的风格

"美观"不仅指颜色,外形也很重要。对人体来说,"美观"体现在身材比例上。完美的身材比例在不知不觉中便被固定了下来:八头身、小脸、纤长的脖子、纤细修长的手和脚。如果你拥有像模特一般的完美身材,那么大部分服装你都可以穿得好看。

虽然人的体形多样且有自己的个性,但有一些通用的办法会让自己显得更好看。

首先,光是保持良好的姿势,就能让你加倍优雅。

其次,了解你自己现在的体形适合穿什么样的服装也很重要。例如,在选择裙长时不要被流行影响,无论哪个季节,裙子的长度都应该适合你的体形。换句话说,你要创造自己的风格。

不盲目跟风,强化自己身材的优势并做到极致,才是走向"美观"的捷径,也是获得幸福和满足的"法宝"。

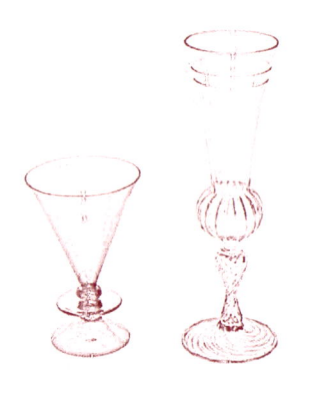

36 把注意力放在空间上

我们不仅要关注物品和生活行为，也应该试着把注意力转向生活空间。门窗、墙壁、地板等物件的精心构造是美的关键。

门的外观形状和门把手的质量影响着门的品质，天花板、墙壁和地板等的衔接处是否得到认真处理也十分重要。虽然是细小的部分，但美就寓于这些细节之中。

厨房工具和家居布艺等的品质和色彩也会影响居住者的感受。如果你将注意力集中在那些琐碎的、一直被你忽视的物品上（并加以改变），即使是相同的空间，你也能看到它在向美的方向发生变化。

有的人习惯将经常使用的物品一直放在外边，这样使用起来很方便，但不妨试着将它收起来，你会发现这样可以让空间看起来更美，也有助于你养成用后即收的习惯。

37　房间的角落也要保持整洁

"把方方正正的房间扫成圆形"比喻的是敷衍了事、马马虎虎的清扫工作。现在,扫地机器人可以打扫房间的各个角落,因此,不必拘泥于自己动手,你可以认真了解产品信息,选择可以为自己带来方便的设备和产品。

如今,我们应该好好做的事情就是留意那些不怎么使用、未被关注的角落和让人特别没有安全感的空间等,将这些地方处理得雅致、美丽、安全即可。虽然很多事情都可以交给机器来做,但应该自己把握的地方,我们还是要根据自己的品味来进行设计。

38　用鲜花点缀房间

希望插花能成为你日常化的精致活动之一。鲜花和动物一样都是生物，即使你需要工作和外出，对它们的养护也不能松懈。

尤其是切花，你需要注意它每一天发生的变化，在它保持鲜艳的时候要忙着水剪①、换水、复鲜等，鲜花能够给人带来能量和活力。好的养护能让花鲜艳得更长久，这也是一件令人愉悦的事情。

另外，插花也能让人在无意识中感受到季节更替。虽然这些花并非从野外采来，而是从花店买的，但当季的花会开得更好。

人会自然而然地想要清理鲜花周边的环境，这是鲜花对人产生的影响，由于这种影响，鲜花周边的空间也会在不经意间变得整洁。这是插花带来的意外效果。

---

①　水剪法是在插花前首先把枝条下方浸于水中，用剪刀截去一部分基茎后，马上插入花瓶的水溶液或保鲜液中。——译者注

39 注意细节的精致

注意事物的细枝末节，也是一种精致的行为。

以人为例，细节即人的脚尖、指尖、发型，穿的鞋，戴的帽子、手套、首饰、珠宝等。于食物而言，细节就是食材的颜色、切法、火候等。对植物来说，细节则是植物叶子的形状、枝条的方向等。

也就是说，注意事物的细枝末节和衔接之处，以及构成整体的部分的意义，事物整体之美才会凸显出来。

如果连这些细节都注意了，人就会显得美丽时尚，食物就会更加美味，植物就会更加生机勃勃。

40 有条不紊地精准行事才是最高效的方法

要让精致成为一种习惯,最大的要点就是"行事精准"。就某事而言,即使你在开始时做得很慢,但如果你做得精准、正确的话,则不必返工,从而也就可以节省时间。

如此反复下去,你自然就能把事情高效地完成。有条不紊地精准行事,你不仅会感到愉悦,你做出来的东西也会更好,不知不觉中,你就养成了好的习惯。

41　精致是品质生活的基本要求

做事精致是品质生活不可缺少的生活技能，要想提升这项技能，你就要下决心不在同样的事情上失败。当然，一开始你可能做得并不好，也难免会失败，但你要学着思考怎样才能做得更好，避免再犯同样的错误。

明知方法却做错了，这是粗心，是懈怠。只要想象一下一旦失败会造成多大的浪费，你就会自然而然地做得细致一点，即使熟能生巧之后，也请不要掉以轻心，对待每一件事都应细致精心。

42　美的物品其形状、颜色、材质及大小与其用途是有必然联系的

当物品的形状、颜色、材质和大小与其用途有必然联系时，它们就会被认为是美的物品。

颜色是人们在选择物品时考虑的一个重要因素。在理想情况下，一件物品的形状和颜色之间的关系应该是"这个颜色正适合这个形状"。如果你觉得某件物品的形状很好，但对其颜色却犹豫不决，甚至想凑齐所有颜色，这就说明你实际上是在妥协，这可能只是一种冲动的购买欲。如果你因为"有这个会比较方便吧"或"先买了再说"等类似的理由而买了越来越多的物品，那么你对美的物品的感觉就会变得越来越模糊。

物品的材质和尺寸是否适合很大程度上也是由人的感受决定的，例如"这种形状与这种材质和尺寸最搭配"。对日本人来说，小巧的物品似乎更有格调，这一点可能与日本人的身材也有关系吧。

43 从"美是否得到平衡"的视角来挑选物品

如果物品的色彩、材质、尺寸与其功能相匹配,就能很好地实现美的平衡。

由于一次性用品不需要维护和保养,用起来方便,因此,我们往往在不知不觉中就选择了这类物品,而把其是否美丽的考量放在了次要的位置。家里的日用品是每天都在用的,设计富有美感的物品可以减少人们在重复使用时产生的疲劳感。

使用契合的物品不容易使人厌倦,可以让人获得长久的满足感。

44 挤出时间让自己过得舒适

我们要自己创造舒适感,让自己处在舒适的环境中,将无意识的习惯变成能让你过上品质生活的习惯。

例如,通过散步来提高身体活力,通过洗澡来提神,通过听音乐、看电影、阅读和饮食来放松身心。这些娱乐活动都需要你自行寻找合适的时间和空间来安排。

为了创造适合自己的舒适生活而巧妙地安排时间,是一个人智慧的体现。每个人的一天都是24小时,时间是有限的,如何让自己享受其中才最重要。

舒适的环境能缓解人的紧张不安和压力,更重要的是,我们可以利用这些时间和空间来思考和计划一些积极快乐的事情。

45 了解自己与他人舒适度的差别

"舒适度"这个词可以用作衡量舒适感的"标尺",但其尺度因人而异。也就是说,要把"舒适度"看作自己"与他人的区别"。比如,背景音乐的音量和空调的温度等,有时别人感到舒适,但自己却并非如此。同理,自己感觉舒适的环境对别人来说可能并非如此。

通过了解舒适度的差异,我们可以更深入地了解对方,求同存异,这样也能让自己的生活变得更精彩。

46 不要过分拘泥于常规

当你的舒适度和对方不同时,适当的妥协是成年人的人际关系技巧。稍微迁就一下对方,你可能会有新的发现。只要在独处时再恢复让自己感到舒适的习惯即可。比如短途旅行时,与同行的人互相理解,彼此都会更加放松、舒适。

常规并不是"必须遵守的规则",它只是一种自然而然形成的行为、环境和习惯。可以说,不拘束、自由自在才是让自己最舒适的状态。

059

47　妥善管理物品，掌握生活技巧

买了物品之后就不要轻易把它扔掉，而要对其妥善地管理。珍惜物品也不是让你把它藏起来，而是要掌握管理物品的生活技巧。拥有物品的数量要适度，在自己的管理能力范围之内即可，不要超过这个度，这一点很重要。

少量拥有那些容易管理的物品、美的物品、实用价值高的物品、现在需要的物品即可。你拥有的最有价值的财富是你的头脑、生活技巧和工作技能。如此，即使别无长物，你也有能生存下去的自信和思想准备。

48　定期更换餐具、烹饪工具

　　和服装一样，餐具和烹饪工具也要定期检查。残缺的、脏了还在用的、单纯囤货的……应当及时处理掉或者改变其用途。

　　就像服装一样，餐具也要换新，这样你就很容易发现一些没有必要的物品。在夏天和冬天更换新的餐具，也能让家里的餐桌拥有季节感。

　　如果你打开厨房的抽屉和橱柜时觉得很美，那就是好的"餐具管理"。防灾物品和食品是必要的，利用平时使用的物品储备基本就够了。

49 物品数量要依收纳空间来决定

拥有物品的合适数量是因人而异的。有的人拖着一个皮箱就能在世界各地飞来飞去,有的人两只手拎着四个购物袋才能出门。一个人的生活方式决定了拥有多少物品对其来说才是合适的。

能满足一般需求的"物品与收纳空间的关系"是:

◎ 在良好状态下,你可以从衣柜和食品储藏柜中立即取出自己要找的物品。
◎ 储藏室里的物品是能灵活地随时取用的,而不是封闭式的。
◎ 居住在一个美的空间里,物品被充分利用,你的居住环境也会变得舒适。

我们不能仅仅满足于将物品买到手,对其妥善管理才是最重要的。简而言之,你拥有的物品数量要由你的收纳空间来决定。

50　充分使用家电产品

　　我们应该根据自己掌握的烹饪技术来选择烹饪类家电产品的使用方法。"看起来很方便"可以说是最"危险"的想法。最好避开自己不一定用得上的产品，以及需要使用自己不太喜欢的烹调方法的产品。

　　对于能精进自己烹饪技术的产品，就请充分使用吧！家电产品正在不断地发展进步，因此，我们可以毫不吝惜地将其使用到最后，然后再更新换代。称手的工具也不必买好几个，好好爱惜自己用习惯的物品，以便以后长期使用。如果工具过多，在技术进步之前它们就会变得很占地方。

51 美的行为来自美的物品

美的物品需要人的管理。美的物品与美的行为共存,意识到这一点,你就会遇到更多美的事物,也会深入了解和品味物品之美。

美好的故事是行为之美的延续。

如果你关注日常生活中的行为之美,那么美的物品就会在你面前熠熠生辉。同时,你因管理美的物品而磨炼出来的美好行为,以及学到的思考方式和行为举止将永不消失。

虽然拥有很多美的物品,很多人却不能充分利用,或者因为不满足而不断地想要得到更多,这些都是很糟糕的事情。如果对其利用得当,与美的事物共存的喜悦会让你获得巨大的满足感和治愈感。当恰当的使用方法、管理方法自然而然地成了你的习惯,即可以说,你建立了物品与行为之间的良好关系。

52　生活行为打造"自我文化"

如果你养成了良好的习惯,自然就能拥有美好的日常生活。

每个人都有良好的感性思维和极高的生活智慧,我们可以将自己内心感受到的能够定义为美的事物和价值观念的总和叫作"自我文化"。

"自我文化"与一个人的行为习惯密切相关。实际上,一个人在潜意识下做出的行为往往体现着其日常的生活习惯。要想无论什么时候都能保持良好的举止,就要重视日常的行为习惯。良好的生活行为才是打造美好的、优质的"自我文化"的根源。

53　干净、整洁地变老

在日本，人们自古以来就推崇"小清新"（干净、整洁）的生活方式，不管是人还是人居住的环境，比起豪华，人们往往更喜欢干净、整洁之美。

现代人在养成干净、整洁的生活习惯之前，总是想找借口说"因为空间太小""因为东西太多""可是孩子会弄脏"，但是，让我们回到事情的原点："房间太小的话就把东西减少一些""怕孩子弄脏就让他从小养成干净、整洁的习惯"。

如果家里人口少的话，还是"小巧"的空间

更便于人们生活。要是按照打扫的范围来看,也应该是房间越小越容易保持清洁,但保持清洁的方法还要看每个人自己的窍门。

人和空间每年都在发生变化,明白这一点之后,持续地保持清洁的习惯才是最重要的。"干净、整洁地变老",不仅意味着住宅变得陈旧,同时,还伴随着生活的韵味。

54　保持清洁习惯，创造自己的风格

　　日本人之所以重视清洁，很大程度上与日本湿润的气候特征有关，湿度大，污垢就很容易附着到物体上。虽说如此，在干燥的季节，细小的尘土也会到处飞扬，堆积在物品和地板上，聚集在角落里。

　　日本人自古以来就有入室脱鞋的习惯，这对保持住宅的清洁有很大帮助。虽然现在日本的住宅西化了，但很多人仍然保留着这样的习惯，这是很难得的。

　　以前的日本住宅是木质结构，用的是天然材料，需要经常擦拭，人们往往一年搞两次大扫除，换季的时候会改变室内软装。可以说，这是人们为顺应四季变化而举行的"清洁仪式"。

保持住宅清洁、打扫卫生等都是表达自己的想法和发挥自己才智的行为。现代生活中也有很多方便使用的家电产品，请好好利用它们，并养成良好的清洁习惯吧。

55 制定自己的清洁规则

扫地机器人等家电产品的普及大大减轻了人们的劳动负担,家居空间的保养工作被简化,这是值得庆幸的事。

打扫卫生间,整理厨房,清理垃圾,为房间的角落掸灰——这些都是常规的清洁行为,你可以按照自己的习惯创造出独一无二的打扫方法。

另外,扔垃圾的方式和数量能体现出家庭的贫富程度。垃圾量少、倒法讲究的一般是富裕的家庭。无论是集合住宅区还是其他地区,你都可以根据人们扔垃圾的方式判断其家庭的富裕程度。

071

56 保持玻璃的"清澈"

日本从平安时代开始就将"洁"视为"美"的最高表现,"洁"是没有一丝浑浊的清澈之美。流水、泉水是"洁"的象征,水真是巨大的宝藏。

干干净净的玻璃、一尘不染的陈设能让人有"洁"的感觉。擦干净的玻璃——没有一丝雾蒙蒙的感觉——是美的代表。

布艺也是如此。没有斑点且没有褪色的家居布艺,即使看起来朴素也会让人觉得很美。然而,布艺保持美好状态的时间极其短暂,若是做了防潮处理(如窗帘)则能比衣服承受更严酷的状况。

桌布能够展现整洁、利落之美，其与杯盘茶盏互相映衬，可以让食物的美味加倍。

服装方面，也要将色彩鲜明、质地上乘的布料作为自己的首选，这样你就获得了60%的成功，这种整洁感也会让自己觉得神清气爽。

57　三个有立竿见影效果的精致习惯

◎ 温柔地对待人和物

对身边的人和动植物温柔地说话,和善地与之打招呼,长此以往,你们彼此都会变得更鲜活、更美好。因此,请怀着赞美之心真诚地称赞人和物。

◎ 每天擦车窗玻璃、门把手

擦完镜子、车窗玻璃、门把手等物品后,它们就会变得十分明亮,你自己看了之后也会产生满足感。然而,你也不必一次性地将这些事情全部做完,而要留意行动的瞬间。

◎ 易脏的水池周边应保持整洁

保持洗面台、卫生间、浴室和厨房等处的干净整洁,会让你的整个家看起来更美。一定要养成使用之后随手清洁的习惯,这样你就不会觉得打扫起来费时费力了。

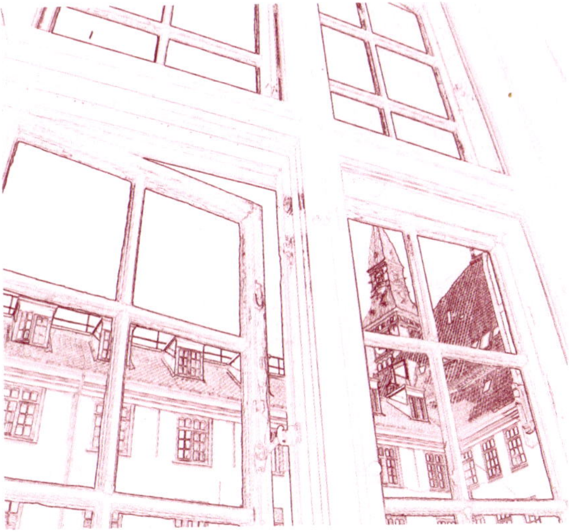

58 发现"美的事物"的五个观点

这五个观点依次是:

1. 本质

你要知道事物的本质是什么。只要抓住事物的本质,你就能自由地思考,自由地寻找美的事物。

2. 简单

即着眼于无冗余的简单之美。

3. 季节感

季节感是人与自然的交汇点。通过关注四季变化的规律,使自己的生活习惯与之协调,我们就能发现自然之美。

4. 人生故事

我们在充沛的情感中发现幸福，勾勒出属于自己的、具体的"人生故事"。在感受"人生故事"的同时，我们也在寻找美。

5. 平衡

具有平衡感的物品会使人感到安心，并触发人的积极情绪。也就是说，良好的平衡感是"发现美"的一个不可或缺的因素。

59　了解事物的本质

如果了解了事物的本质,你就会拥有更多的选择权,即使你拥有选择的自由,也不会做出偏离事物本质的事情。例如,如果你明白了美的本质,就可以随时随地发现美。不了解事物的本质,你就会被纷繁复杂的事物迷惑,无法找到事物中隐藏的美。

要想洞悉事物的本质,就需要深入挖掘事物本身存在的意义,不断练习,积累经验。

60　多接触古典作品

多接触自古流传下来的故事和艺术，它们能成为经典并留存于世，必有其原因。尽管如此，人类的创造无论多么优秀，各种各样的说法和故事版本也会使其原本的表述变得扑朔迷离起来，这也正是接触古典作品的有趣之处。

61　向自然寻找答案

　　大自然是关于颜色和形状的集合，一切事物的颜色和形状都恰到好处。"为什么某个事物是这样的颜色、形状？"当你出于某种意识和兴趣向自然发问时，相信你一定会得到回应。经过反复思考，你就会探寻到事物的本质。另外，即使没有发现事物的本质，在反复观察、思考的过程中，你也能发现事物的美。

62　形状之美

有时,试着删掉不必要的东西,事物的本质就会展露出来。

例如,从存在于西洋器具边缘的洛可可风格的反向曲线和质量上乘的白瓷浮雕中,你可以看到器具的本质。因此,不要被事物的颜色迷惑,要注意物品的形状之美。

63 写生

写生是了解事物本质的一种方法。即使不是画家,你也可以在日常生活中通过写生来寻找事物的本质。

64　寻找简单之美

所谓"简单之美",即没有多余的颜色和装饰,干净利落,同时又有特点和个性的美。就其本质而言,"简单之美"是纯粹的、精确的、明快的。日本人对"简单之美"的推崇从古至今都未改变,特别是,为了在生活中寻找美,他们探索出一套与之对应的设计思想——"简单即最好"。

65　质地上乘、精心制作的日常用品

"简单之美"是在物品良好的材质中蕴含着的细节之美，是对物品精心处理的细腻之美。自古以来，人们对日常用品的选用就以形状简单为标准。装饰复杂的物品一般有其特殊用途，比如，在仪式活动中使用的道具。因此，人们常常将那些形状简单、有质感的物品作为日常生活的首选。

例如，花朵形状的器具十分清雅秀逸，其边缘呈花瓣形，相同的花瓣状曲线（简单）不断重复，看起来十分生动。普通的白瓷看起来也非常优雅，不会给人冷淡之感。那些直接模仿自然风物而创造的物品，其形状亦十分简单，富有美感，无论摆放在哪里，都不会让人感到违和。

66　使用同一色调的物品

　　对于同一种颜色的物品，人们往往将关注的焦点放在物品的形状上。同一种颜色的物品，其色调（颜色的明度、饱和度）也要保持一致。即便物品有两种颜色，也要将其大致统一为相同的色调。

　　在穿黑色衣服的人比较多的时候，为了给人留下深刻印象，你最好使用一种适合自己的其他颜色，但要将其控制在整体服装搭配的10%以内，丝巾和配饰可能会对你有所帮助。

67　物品的数量也要恰到好处

在物品收纳方面,最简单的方法就是依据自己的收纳空间来确定物品的数量。多少数量(即你能准确判断和记住的物品的数量)才是合适的,要根据你的管理能力而定。你也可以调节一下自己的情绪,试着告诉自己"现在的物品数量已经足够了"。

68　通过季节感发现自然之美

季节感可以让人类感受到自己与自然界之间的联系。特别是生活在四季分明的气候中的日本人，他们更能够感受到四季更迭的魅力。

然而，近年来气候异常，季节感的"错乱"也让人深感不安——夏长秋短，由冬匆匆入春，花朵的"反季"开放，等等。即便如此，我们还是需要保持文化生活中的季节感。

若想从美的视角更好地把握季节感，拥有一颗能够感受季节变化的心是很重要的。

69　对自然变化变得敏感

过上品质生活的一个必要因素就是在平静的季节变化中感受大自然的魅力。

就连填河造地而开垦出来的绿道,也在缺少自然风光的城市起到了"润物细无声"的作用。

如果对植物的颜色变化敏感的话,看到嫩叶、绿叶时,我们就会感谢大自然的这份恩惠了。

即使是每一年的微小变化也能成为我们宝贵生命中戏剧一般的转机。对日本人而言,季节感和自然是不可替代的。

70 从植物的香气中也能感受到季节更替

在雨后的清晨尽情地深呼吸吧。绿色植物的清香,能够给我们的嗅觉带来愉悦的刺激。

即使是最轻微的沙沙声,或者一片枯叶,也能滋养人的心灵。

能使人产生共鸣的不仅仅是植物的色彩和形状,还有植物的香气。与植物一起体味季节更替吧。

71　感受日常生活中的故事

说到故事,我们可能会想到小说、电视剧和电影中的情节,其实,我们自己也生活在故事中,并期待着我们身边的故事是有趣的。这并非妄想,只要你在现实生活中联想、想象一下(可能发生的)各种故事,便能体味到故事之"美"。

72　从变化中发现故事

发现故事的重点是关注变化。如果你对微小的变化也十分敏感,就能无限扩展自己的想象空间。即使是生活中微小的变化,也能帮助你去追寻高雅的事物。

73　珍惜浪漫的感觉

日常生活中的故事可能不会清晰地展露出来，为了挖掘隐藏在日常生活中的故事，我们可能要下一番功夫。为此，要重视浪漫的感觉和给予我们浪漫感受的事物，比如诗歌。若因疲于生计而忽略了这些感觉，那就太可惜了。

74 从一个场景开始

　　要重视生活中那些很小的场景,即便它们一开始不属于故事的一部分。如果我们用自己的方式去观察生活中那些微小的场景,最后,它们可能也会给我们带来看待事物的崭新视角。就从意识到生活中的一个小小的美好场景开始吧。

75　布置餐桌

布置餐桌是一种综合性的生活艺术。在招待朋友的时候或其他特别的日子里，在布置餐桌时，你可以尝试一下用自己平时感受到的美好故事来表现季节感或其他方面的用餐主题。

布置餐桌可以作为提高你的想象力和关心他人的小练习。在布置餐桌的过程中，你的创造力能得到提高，你对居住空间的审美能力也会随之提升。

76　平衡感很重要

良好的平衡感是构成美的必要条件。经常有意识地注意自身体态的平衡、心灵与身体的平衡、言语与行为的平衡,以及平面布局(构图)的平衡、立体布局的平衡等,可以提升自己的审美能力。

77 保持良好平衡感的基本理念

对称（左右对称）的物品能够给人一种稳定感和安心感。当然，有些不对称（左右不对称）的物品也会给人一种很好的平衡感、一种富有活力的动感，看起来比对称更有魅力。

平面布局的基本理念是：该对齐的地方要严丝合缝地对齐，同时，物与物之间保持一定的距离（空余）也很重要。平面布局的基本规则是间距相等，如果需要移动物品的位置，也应用1、3、5的奇数将它们有规律地间隔开来。这种布局规则不仅适用于平面空间，也适用于一些立体空间。

78 平衡好室内装饰

挂在墙上的两幅画之间的空隙应比画的宽度窄,家具和日用品应占房屋体积的30%左右,如此,你的室内装饰能达到良好的平衡。平衡好地板和墙面之间的空隙和装饰画之间的间隔比例,你的家居空间就能给人一种舒适之感。

79 保持身体的平衡

试着闭上眼睛,单脚站立,你就能对自己身体的(左右)平衡情况有所了解。调整好身体的平衡,将为你的身体带来诸多益处。若你单脚站立时不容易跌倒,姿势看起来更加优雅,你的身体就能流露出像西洋雕塑一般自然的美。

80　接受事物的多样性

随着时代的发展，人们对富裕和幸福的定义也在发生变化。如今，"多样性"成为其中的一个关键词。

多样性始于承认自己与他人的差异，这意味着尽管你我之间存在不同，我们也要学会接受彼此的差异，即求同存异。

学会求同存异，你就会获得人际交往关系中的安全感，你就有机会被人际交往关系中的美好事物治愈（当时间条件和空间条件都具备），如此，你就可以感受到"内心的奢华"。

81 了解自己的内心

不与他人比较、竞争,深入了解和重新审视自己,是找到"自己的风格"并发掘出"内心的奢华"最重要的事情。

为此,要了解自己的五感特点。

了解自己的内心,让自己变得更充实,这才是属于自己的奢华,这样做你才能真正地与幸福并肩。

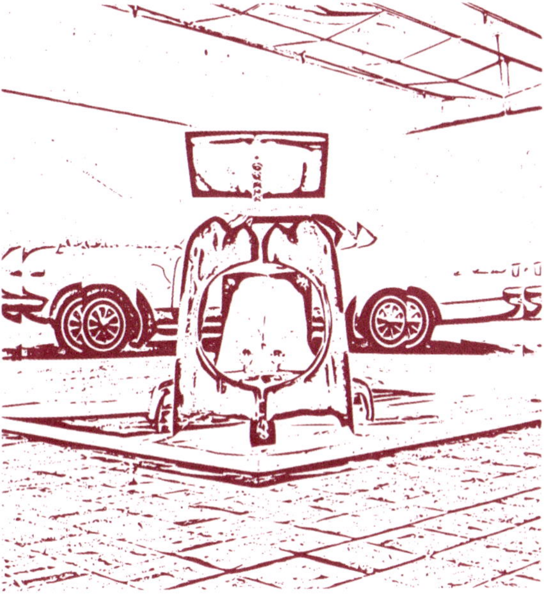

82　锻炼五感

五感会清楚地告诉你什么能让自己感到舒适。

你认为的自己喜欢的事情，很多时候只是自己擅长做的事情，擅长并能做得很好的事情往往会让人觉得舒适。

多锻炼五感，需要你重新审视自己的视觉、听觉、嗅觉、味觉、触觉的特点，尽量让它们更平衡。这种经常锻炼的、平衡的五感，能激发你的直觉力，引导你进行创造性思考。

自己选择的舒适，才是真正属于自己的"内心的奢华"。请好好了解一下自己擅长并感到舒适的事情吧。

83 了解自己不擅长的事情

了解自己不擅长的事情也很重要。

想想为什么自己不擅长某事，是否在产生这种好恶之前有过什么心理阴影，了解之后或许不擅长的事情就会减少。不要轻易对自己不擅长的、不想做的事情说"做不到"。一旦你说了"做不到"，就很容易放纵自己，被引导到容易做的事情和无用的方向上。

不擅长的事情少一些，舒适的范围就会扩大一些。有时候，对于不擅长的事情也要稍微忍耐一下，以扩大"内心的奢华"的范围。

84　简约的奢华即"本色主义"

"Simple Luxe"指的是简约的奢华。优质的材料加上恰到好处的工艺，可以被称为"本色主义"。

你认为优质的材料是奢侈品吗？如果人们能以合适的方式长期使用这些物品，它们就不一定是世俗意义上的奢侈品。

优质的材料和正确的使用方法是相辅相成的。如果你能在这两方面凸显"自己的风格"，就可以说你拥有了美好的品质生活。

使用了优质材料的物品在达到使用寿命之后是能够回归自然的。我们应该选择对海洋、森林乃至整个地球无害的物品，这是所有人都应具备的远见卓识。

85　有品质的物品会滋养人

物品是反映主人内心的一面镜子，有品质的物品具有使人获得幸福的力量。

◎ 它可以让你内心充实，想象力变得更丰富。

◎ 当你感到疲倦时，它会抚慰你的心灵。

◎ 优质的材料、精湛的工艺看起来很养眼。

◎ 有品质的物品还会潜移默化地让你拥有良好的举止，从而养成好的习惯。

◎ 它可以增强你的审美意识。

◎ 它可以让你养成不浪费东西的习惯。

◎ 有品质的物品会形成一股能量并扩散出去。

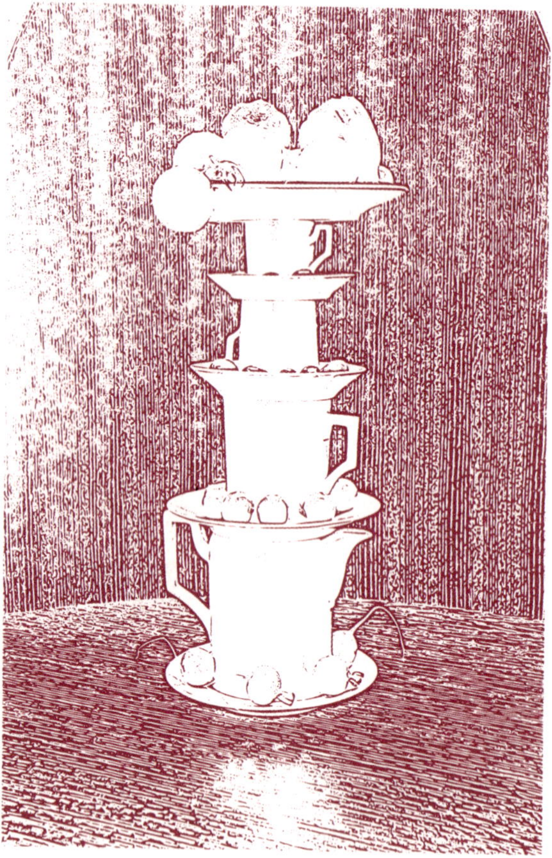

86 "每个人都拥有表现力"

"把……表现出来"这句话可能听起来很生硬,但你可以试着在生活中享受轻松创作的乐趣。

例如,如果你有画笔和颜料,可以让它们在纸上大放异彩。你还可以用黏土、木头、纸、剪刀、碎布、线等任何事物表达自己的想法。只要开始动手,你就是一个拥有表现力的人。

写生是将对象原封不动地描绘出来。别人看到你的作品后不免会对其进行评价,因为只要你把脑海中的图像描绘出来,是否能打动人就是唯一标准——观赏者能否从画中强烈地感受到绘画者的个性。

一旦你能够"把……表现出来",就能驱除内心的困扰,整个人变得神清气爽。在日常生活中,"想要表现美好事物"的想法会让你的内心更加充盈。

87 赋予日常活动"美"的主题

将日常生活中的活动归为"家务事",很容易让人觉得"自己明明有其他想做的事情却被家务事耽误了,白白浪费了宝贵的时间"。其实,日常生活中的所有活动都能被赋予美的主题。

无论做什么,只要你留心观察都能从中发现美。即使在匆忙中,也有不经意的美突然闪现。如果那时你感到欢喜,美就会留在你的记忆里。

掌握知识和技能需要时间,而美的闪现只在一瞬间,那闪现的火花就像是人的直觉。发现美需要一种创造性思维,若你经常去努力感受,事物之美就会在经验与回忆的交织里突然闪现。

我们会因为突如其来的刺激而感受到日常活动中的趣味和愉悦之处。

88　锻炼直觉力

直觉力是通过强化五感（视觉、触觉、听觉、嗅觉和味觉）来培养的。

如果为了得到灵光一现的美好而对自己应该做的事情偷工减料或者敷衍了事的话，美的火花就不会再出现了。当你认真地洗碗、切菜，或者仔细地清理角落里的污垢，让蒙灰的物品闪闪发光时，可能就会看到美的火花。

一旦有过这种感觉，你就会想要将其表现出来，因为"每个人都拥有表现力"。但是这种感觉不是通过"等闲下来就去学画画吧"等方式而获得的，在你整理抽屉的时候，研究如何摆盘的时候……你的表现力才会源源不断地涌现出来。如果在工作时突然有了一个想法，而你又没有时间去思考，那就暂且将它记下，以便日后能回忆起来。

89　培养直观力

从日常不经意的行为中慢慢积累，你的表现力就会提升。

有时在日常生活中的某个让你感到放松的时刻，美就突然闪现了。它可能发生在你放松地看电视剧或者看杂志的时候。阅读时，将自己在意的地方记录下来，你写下的内容就会持续地在头脑里活跃、发酵。

失眠是一件很让人困扰的事情，如果是因为某个问题而失眠，那么你要在一天结束之前做出决定：是解决它，还是放弃它。

直观力是对形成经验和记忆的事情瞬间察觉的能力。

如果直觉力和直观力都以近乎闪现的速度出现在脑海中，你虽然确实感觉到了什么，但往往因为不确定而无法将其表达出来,也无法付诸行动。

  因此,平时就要有意识地去练习"意识到自己的感受",日积月累,当你遇到类似的情况时才能付诸行动。

90　不断学习自然之美

可以说所有的美都寓于自然界中，大自然不断地指引着我们发现美。

从自然之美来看，还有很多东西是我们没有发现的。我们还没有完全了解拥有无限性的自然界。也就是说，正因为大自然具有无限性，人类才无法与其相提并论。

不要试图控制或征服大自然。不断地学习大自然的和谐与平衡之美，脚踏实地地成长也许会更稳妥。

特别是在日常生活中，我们要热爱自然，并将这种情感内化于心，沉淀出体现美的行为。

91　捕捉身边的自然

即使庭院狭小，但只要在院子里种上植物，你就能切身感受到自然和季节的变化。如果是公寓等集体住宅，则可以充分利用阳台、屋顶花园等空间来培育植物。在室内摆放观叶植物，也是捕捉自然的一种方式。

不必因为没有庭院而过早放弃对自然的向往，发挥你的聪明才智吧。与自然共处是让内心汲取并蓄积自然之美的捷径，用创造性思维加深你对"庭院"概念的理解，享受设计庭院的快乐吧！

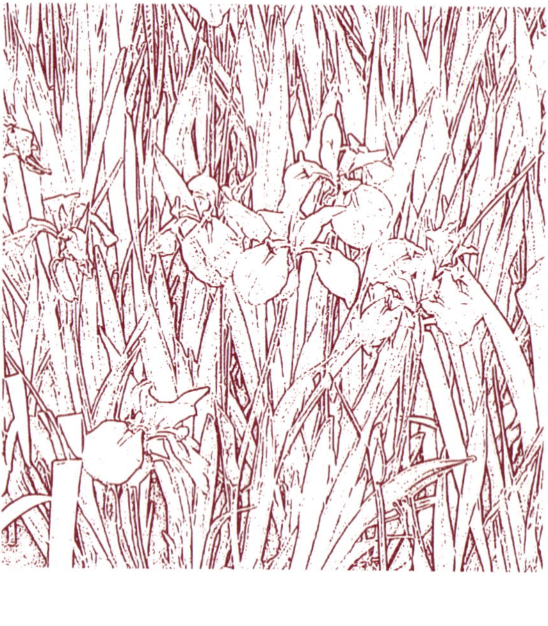

92　接受自然的变化

任何一个地区的自然环境，都有与当地的气候和地形相适应的色彩和形态。

在气候变化和全球化的进程中，保持地域性和季节感的稳定是一件很难的事情。此外，当下的我们对不寻常的事物的兴趣更旺盛，更容易对偏离自然规律的事物感兴趣。

在意识到自然界多样性的过程中，现代人的接受方式是接纳不断变化的自然，并在变化中发现美好。

这类似于人们在年老时不再把变化看作负面的东西，而是坦然地去感受下一个阶段的美。

找到不同的美、多样的美，意味着人们能够更深入地理解人类是自然界的一部分的含义。我期待着新的创造性思维催生新的事物。

93 向鸟儿学习色彩

如果你想提高色彩方面的审美水平,有一个办法是向鸟儿学习。许多鸟儿可被视为美丽色彩的化身。

鸟儿的身形也具有浑然天成的美感,其羽毛的颜色搭配更是让人感到惊喜和敬畏。可以说,无论我们穿上多么美丽的服装,都无法与鸟儿相媲美。因此,我们可以向鸟儿学习色彩之美。

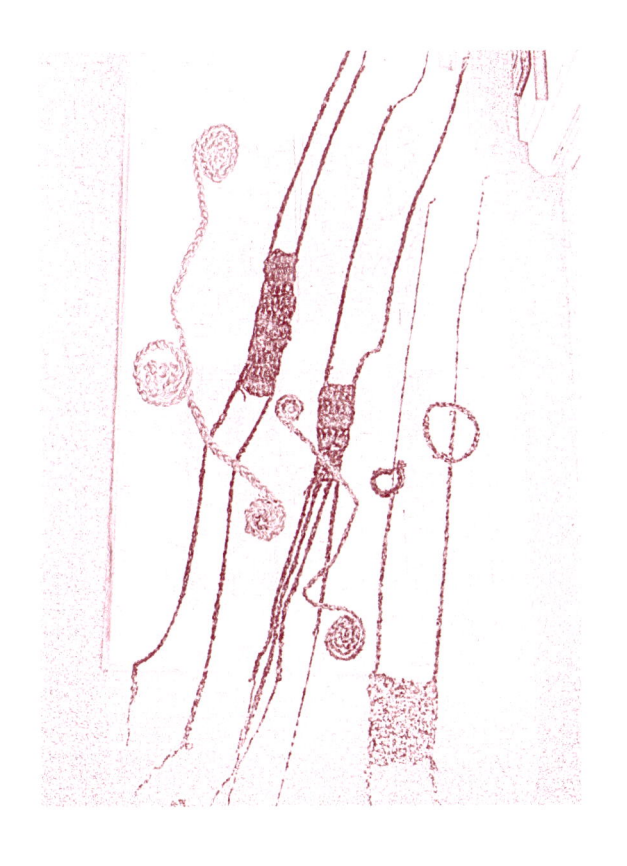

94 去看自己想看的风景

很多人喜欢看风景,大概是因为能从中感受到大自然的极致之美吧,风景之美对所有人来说都是能疗愈心灵的美。

人们会长途跋涉去看绝美的景点,并为之折服。

著名的景点、值得回忆的风景、壮观的景色、广阔的全景……如果你有想看的风景,就不要拖延,不是想着"什么时候去一下吧",而是要马上行动起来。

日本人喜欢欣赏所有风景。

美丽的景色可以治愈人心,值得珍藏于心底。

95 感受事物的美好,表达内心的想法

有品质的物品能够给予观赏者精神上的充实感和力量。你可以去美术馆和画廊欣赏美丽的艺术作品,把在那里的感受用语言表达出来。在生活中,你也可以这样做。

日常生活中也有许多美的事物。例如,在炎热的夏天,即使是饮一杯凉水也会让人觉得有滋有味;在寒冷的冬天,一杯热水可以温暖身体,让人感受到暖意。在日常生活中感受到美好、美味的次数越多,人的精神丰富程度和情感充实程度也会随之加深。

96　从语言中感受丰富的情感

我们不仅可以从美的事物中体会丰富的情感,也可以通过语言来感受丰富的情感。仅一句令人愉快的话就能唤起人们开心、喜悦等美好的情绪。

我们不仅要做倾听者,也要主动说出让他人感到舒心的话语,保持令彼此愉悦的交流方式。早上我们用"早上好"来互相问候,对方说"谢谢",你也要回一声"谢谢"。这些重复的行为是培养丰富情感的起点。

即使是不经意间夸奖对方的话,如"真棒啊",也是丰富情感的一种表达。

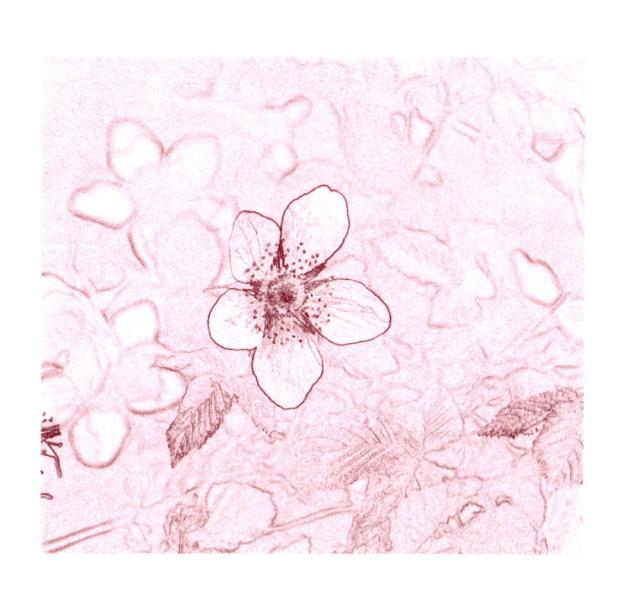

97 通过表达培养美好的情感

我们要增加表达美好情感的机会。

表达方式不局限于语言,我们还可以通过创作来练习。例如,试着画画,做一些工作,挑战一下手工艺,等等。

觉得自己没有天赋而不想创作的人,可以通过烹饪来表达自己的情感,试着在烹饪技术和摆盘上下功夫。怀着这样的心情,你很容易就能烹饪出可口的菜肴,研究出精美的摆盘。如果烹饪是你生活的一部分,你会觉得创作就在自己身边。

98　将衣、食、住、行的感受表达出来

　　创造性思维可以让我们将单纯的"感受"发展成"表达",自己的风格是从日常生活中的很多事情中感受和表达出来的。气温、气候的变化影响着我们,这些因素要求我们采取与昨天不同的行动(哪怕自己不喜欢)。产生感受之后再将其表达出来,通过有意识地去感受、表达,不断锻炼创造性思维,我们就可以用美的意识串联起不断重复的日常生活中的各个部分。

99 给居住环境投入最大的预算

对于我们日常生活的载体——住宅，我们要把"创造优美环境"作为座右铭。在购买创造优美的居住环境所必需的物品时，我们应该在自己的预算范围之内大胆花钱。

居住环境对我们五感和健康的影响无法估量，但没有必要把预算花在打造豪华的人居环境上。朴素的小清新风格会让人觉得"漂亮""整洁""雅致"，足够培养人们的想象力。因此，拥有少量的高品质物品即可，把重点放在对它们的保养上。

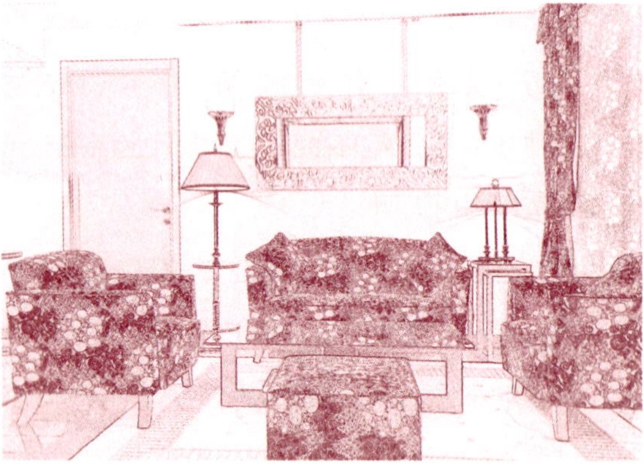

100 织物的活用方法

如果把椅子的包布、窗帘、靠垫、灯罩、挂毯、床罩、地毯等都换成织物的话,便可一手打造出居住环境的"华丽感"。另外,水池边的毛巾和卧室的亚麻布也是打造舒适生活不可缺少的物品。

101　用手触摸来选择优质物品

请用五感去感受布料的花色、织物的织法、触感的优劣吧。

在店里选择织物的时候,一定要用手触摸来选择。就像质地优良的西服能衬托人的身材一样,优质的室内装饰织物也能映衬空间的华美,让人感到舒适。

102　织物的使用寿命只有三年

织物的使用寿命意外地短暂，其颜色、手感保持最初那样美丽的时间只有三年左右。

虽然有的物品即使褪色也很好看，但那并不是物品原本的美，而是它们融入了那些令人怀念的事物里。

103　偶尔享受其他的配色和花样

一般情况下,我倾向于以白色为主的简约素色、自然色。但我也想在合适的地方享受织物的手感和各种花色的美妙之处。

104　日本自古以来的精妙之处

豪华的布料、精良的织法、巧妙的染技……自古以来，日本的织物和染物都毫不逊色于欧美，能乐用以装束的纺织品之首——友禅，以及各地的绸织物、江户小纹等，无论哪个都极其出色。

在现代，一件织物的材料、加工、设计等一般都需要多国参与，要想选到有品质的物品，就要通过自己对色彩的感觉和手感来判断。

105　家具更接近女性的感受性

　　家具作为生活用具,更多地迎合了女性的感受。家具的用途和种类、材料和颜色、装饰物等也都更顾及女性的感觉。也就是说,家具是基于女性的审美制作出来的。

　　在18世纪法国的贵族文化中,贵族女性会考虑做一些对他人有帮助的工作。例如,为不会写字的人代写书信,制作蕾丝、编织物等针线活。这些活动都让她们兴致勃勃。其结果是,这些活动使她们产生了对带镜子的书桌和小型的工作桌等家具的需求。那个时代的家具不仅功能强大,而且非常漂亮。

在日本,平安时代的藤原文化也十分华丽,那时就有很多女性化的、小巧精致的日用器具和高水平的工艺品。小巧精致的特征彰显着宛如日本女性一般的优雅,各种功能和用途与之相得益彰。

106 不同的家具，不同的展示

◎ 控制台（墙面的装饰或装饰用的桌子）的前桌脚形状优美，面板有大理石和木制的镶嵌，主体门的部分也是，上部有抽屉。在房间的角落还会用扇形橱柜填充。

◎ 小斗柜同样使用红木和黑檀木镶嵌，独具匠心。

◎ 收纳写字桌（能收纳书写物的家具）的面板是斜盖式或者折叠式。内部是一个易于书写的抽屉式摩洛哥皮革面板，墨水罐、笔、吸墨粉、印章、密封蜡等全都可以收纳进去。壁式写字桌、弧形书桌、斜面桌和饭桌等的面板都附有装饰，漆板是日本制造的。还有陶瓷材质的面板。

◎ 桌子有方形、圆形、椭圆形、肾形、心形等各种各样的形状。桌子的面板是万向板，可移动的休闲游戏桌还附有小抽屉。有些桌腿很细，为了方便移动，桌脚上还装有脚轮。

107 "品位好"是天生的吗?

"品位(感觉、感受性)好"是指,在充分掌握基本的美的法则(即事物的本质)的基础上,能够用直觉瞬间判断出事物存在违和和不足之处的能力。

品位是指能够感受和体味到事物存在的微妙之处,并将其具体表现出来的能力。

品位既包含着人们与生俱来的能力,也包含着后天从环境中习得的能力,我们可以根据自身情况,不断磨炼这种能力。

108　多看美的事物

　　品位的提升是从提高感受性（感受能力）开始的。

　　全面发挥自己的观察能力，多看美的事物，这样可以提高你对美的感受性。对具有美妙造型的物品，不要通过他人的解读来理解其故事性，要有意识地用自己的想象力去感受它。

　　与人交流的时候，良好的品位体现在准确地与对方潇洒、幽默、机智地交谈。

109　审美意识与艺术

　　艺术往往凭借创作者的强烈个性吸引、打动受众，并通过良好的传播效果让人们感到惊喜。有品位的艺术，无论内容和情节如何，都能让人感受到其表现手法的精妙之处。在很多情况下，相较于出彩的文字说明，艺术所具有的感官魅力往往先传达给受众，令其着迷。

　　为了提升品位，要相信自己的审美意识，依靠感觉来选择艺术。日积月累，你的审美水平将会获得提升。

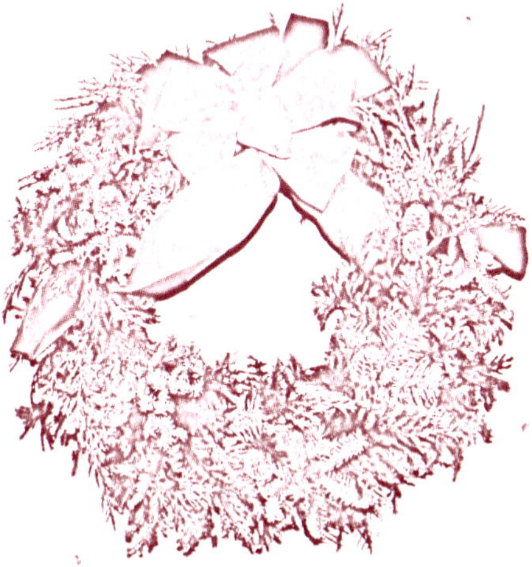

110 感性是可以提高的

感性和感觉看似一样，但略有不同。

"感觉"方面比较出色的特征是五感敏锐和感知迅速，其受先天因素的影响较大。而"感性"是可以通过后天练习提高的。

提高感性中包含的感受性，即感受能力，就能对外部的信息做出迅速而恰当的反应。以较高的认知能力，掌握大量关于美的事物的信息，也会显得自己颇有品位。

另外，有时，比较感性的人会更加彬彬有礼，而只是拥有敏锐感觉的人未必如此。

111 选择提升品位的路径

想在日常生活中提升品位,就要选择属于自己的道路。正如上下班时,有人会选择自然风光多一点的路,有人会选择时尚门店前的路一样。

112 接触艺术

尽可能多地参加美术展、博物展和画展,有意识地多接触美的事物。

当然,听音乐会和看戏剧等也同样有效。但是,也有人会由于过度兴奋(刺激过多)而失去自我,从而使欲望升级比品位提高来得更快、更强。

另外,日本的传统艺术,如能乐和歌舞伎——你以前可能没有接触过——其中说不定也蕴藏着新鲜的感动和刺激。

113 品味食物的自然之味

每天吃有营养、自然和美味的食物会改善你的味蕾,让你对美的事物更加敏感,进而提升你的品位。

114　欣赏自然

无论是宏观的自然（全景），还是微观的自然（一朵花、一片叶），我们都要用心去感受它们的美丽。有时你会发现事物的本质，有时你会了解事物的运行机制，有时你会被美打动——这些都能够提高我们的品位。

我们不应拘泥于个人好恶而自作主张，要去留心观察各种各样的事物之美。在感受美好事物的同时，你的品位也会随之提升。

115　把拦网围墙换成绿篱

无论在乡村还是城市，围墙都体现着住宅主人的品位。其中最令人感到糟糕的莫过于在发生灾害时会产生危险的拦网围墙，而且它实在与品位不沾边。

当然，电线杆、电线、护栏等看起来也并不美观，但能够根据个人意志改变的，也就只有住宅周围的围墙了。

把拦网围墙变成绿篱吧，比如常绿的矮灌木，各种叶子茂密的植物。你可以按照自己的喜好来装点它。

除此之外，精心修剪自然是必不可少的，你也可以种植不同季节盛开的植物作为绿篱。山茶花、黄杨、柊树、桃花等都是不错的选择。另外，用茉莉花、栀子花、金桂花和琼花做绿篱，其香味也能让路人心旷神怡。

116　整理玄关和前院

没有围墙的开放式庭院就需要玄关和前院来弥补。把公寓的前院整理好——不是交给物业去打理而是根据自己的意趣来装饰——也能让人感受到居住者的用心。

117 重新认识自己的生活空间

试着改变一下你现在的生活空间,让它变得更美吧。比如,增添一些你认为美丽的新事物,改变物品或空间的布局。这种自我尝试性的美的创造能激发你的身心活力,提升个人品位。

118　向自然学习

将自然之理内化于心,在与自然的融合中获得快乐。

119　创造舒适、清洁、美丽的环境

　　置身舒适、清洁、美丽的环境中能舒缓心灵，放松五感，美好的环境能打动人心。

120　接触最新的信息

为了跟上时代的变化,必须了解不断发展的技术。

121　尊重多样性

明白每个人的感觉不同,尊重与自己感觉不同的人。

122　做些与众不同的事

偶尔让自己置身于新的环境中,你就会觉得多样性可以丰富自己,便有勇气去做出改变。

123　学习历史

把历史当作身边发生过的事情来回顾,你就可以从中探知事物的根源。学习从旧事物中"继承"新事物的方法,温故知新,你就可以将答案引导到自己的内心世界。

124　看清事物的本质

追寻每一件事背后的原理,看清事物的本质。

125 保持冥想习惯

时常安静地重新审视自己,可以消除心理阴影和心灵创伤,保持清晰思路,时刻调整心态。

126　保持身体健康和美丽的正确方式

为了美丽和健康,我们必须经常保养身体。保养,要从去除污垢开始。另外,为了变得更加美丽,也要经常锻炼身体。

说到美,人们很容易想到美丽的容貌和姣好的身材,其实,从健康的身体到内在的精神,美与身心和行动都有关联。我们可以以自己的身心为基础,将其与衣、食、住、行联系起来,创造出美。生活包括生活方式和生活态度两个方面,如果将两者综合起来,生活仍然很有品质的话,你的美丽与健康就会得以维持。

127　欣赏身体的变化

受到人种、环境、时代等多种因素的影响，人的体形也多种多样。我们应该根据自身情况来保养身体。同时，也要注意不要过度热衷于保养，这可能是随着一个人年龄的增长经常出现的问题。

人是自然的一部分，自然会变化，人当然也会发生变化。只要不是运动员之类的职业，30岁左右你就应该开始接受身体的变化。不妨根据自身需要，将保养的重点慢慢地放在心态的成熟上。刻意保持身体的年轻反而显得不自然。

接受因人而异的变化，保持当时的最佳状态，慢慢地改变即可。在此基础上，如果养成保养的习惯，你的身体形态和身体机能也会发生良好的变化。

128 保养的基础

我们的身体,从躯干(躯体的轴)、内心(心灵支柱)到大脑、脸、脖子、手足关节等,都是连在一起的,如果只保养局部,并不能保持整个身体的美丽和健康。也就是说,包括心灵在内,我们的身心都需要被呵护,不能疏忽身体的任何一个部位。

感觉身体不舒服的时候,不仅要从生理上找原因,还要从心理上找原因。自古以来就有"病由心生"的俗语,心情对身体有很大的影响。这是保养需要"身心结合"的原理。

159

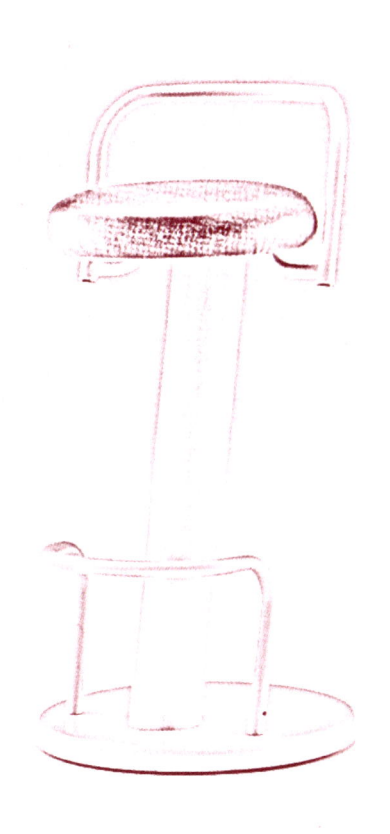

129　早上舒适的惯例

起床前,请深呼吸、放松,好好舒展一下身体。刷牙、洗脸结束后,建议你去"晨间散步",散步的距离则可以因人而异,在早上和傍晚做两次"变速走步",虽然有点辛苦,但还是有效果的。

130 晚上的放松习惯

悠闲地享受沐浴吧。温暖肌肉,做缓解疲劳的按摩。消除当日的疲劳就是一次很好的身体保养。把手放在自己的身体上,从放松开始,更好地了解自己的身体状况。当自己无法放松时,就请专业人士为你按摩、保养。

131　早晨散步的愉快方式

日出之时,在鸟鸣声中睁开眼睛,这段时间正是通风的好时候。

即使是在都市的林荫道、游步道和公园等有树木的地方,植物杀菌素(树木的香味成分)也会杀灭有害细菌,使空气变得清新。尤其是雨后的清晨,树叶上的尘埃会被雨水洗刷掉,效果更好。

尽情感受树木的清香,令舒缓的香味唤醒你的嗅觉吧。上午10点前紫外线较弱,视网膜对光的感受性更强,一边直视远方,一边走路,你的背部会自然地挺直,姿态也自然会变好。

132 锻炼髋关节和下半身

保持手腕、脚腕、脖子、关节,特别是髋关节的柔韧性是很重要的。经常活动可以保持淋巴疏通。因此,要有意识地活动关节,以便给肌肉和骨骼输送氧气和营养。

锻炼下半身的肌肉力量也很重要,特别是要调整好身体的平衡,用心打造健康的身体。增加肌肉量可以提高基础代谢,下半身是人体肌肉分布比较多的地方,加强下半身的锻炼可以促进人体的新陈代谢。

133 告诉大脑,该睡觉了

我们有时一下子就能入睡,有时却怎么都睡不着。其实,入睡也是讲究方法的。

上床躺下后,告诉自己的大脑:"今天所有的问题都解决了。"如果还有问题的话,那就明天再解决它,让你的大脑安心地准备入睡。

如果这样做了仍无法入睡,你可以试着将身体呈"大"字形展开,放松,深呼吸,同时想一些快乐的事情。即使不强迫自己入睡,在这种状态下躺20分钟也有很好的休息效果。但在大多数情况下,20分钟过去之前,你就已经睡着了。

134　一有机会就做深呼吸吧

人和其他生物一样都需要依靠阳光、空气和水生存。注意一整天都要保持良好的呼吸,尤其要养成勤做深呼吸的习惯。

◎ 起床前做二十次左右的深呼吸。

◎ 出去沐浴朝阳之前再做一次深呼吸。

◎ 在工作或者做家务的间歇也不要忘记深呼吸。

◎ 在感到紧张的时候,深呼吸有让人放松的作用。

◎ 要想提高注意力,也可以多做深呼吸。

135 从容地呼吸可以使身体持续工作

保持美和健康，需要拥有柔软灵活的身体，但保持身体的柔软灵活并不容易。由于现代人必须保持坐在办公桌前或站立等工作时的固定姿势，久而久之身体和肌肉就会僵硬，在这种情况下，柔软灵活的身体就更加难以保持。

有时间可以通过锻炼等方法让身体变暖、变柔软。即便没有时间，也尽量不要让身体一直保持僵硬的姿势。因此，最有效的方法还是呼吸。注意力集中或者精神紧张时也要保持正常、规律的呼吸，努力工作的同时，也要偶尔做几次深呼吸，还要适当地活动一下你的身体。

136 提高身体免疫力

以下方法有助于提高身体免疫力。

◎ 保持高质量的睡眠和有规律的作息,沐浴朝阳,调整生物钟。

◎ 劳逸结合,并进行良好的自我管理。

◎ 温暖身体。

◎ 减少压力,调整肠道环境。

◎ 早上喝白开水或特制饮料(例如姜黄、肉桂、可可、牛奶、枫糖浆混合饮品)。

137　不要累积压力，适当转换心情

压力无处不在，压力过大会导致人体免疫力下降。

为了不让自己感到压力，你可以告诉大脑，自己正在做有趣、快乐的事情，并让大脑对此深信不疑。这样可以减少压力的产生。调整好姿势和呼吸，温柔、愉快地把这些话告诉你的大脑吧。

要想不积攒压力就要转换心情。活动一下身体做一点杂事，与他人交流、对话或者发信息……试着寻找适合自己的方法吧。

如果身体因为紧张而变得僵硬的话，人就会容易觉得累。试着让自己成为缓解压力、忘记压力、消除压力的达人吧。

138　让身体免于受寒

受寒是人体免疫力下降的一大原因。

冬天就不必说了，夏天也有很多人因为空调冷气着凉。无论夏天还是冬天，防寒都是保养身体的重要习惯。如今，从袜子到内衣，很多衣物都具有防寒功能，请仔细了解相关产品的信息，选择适合自己的防寒用品。

用热水暖手，为你的手腕、脚踝、腹部等身体部位选择适当的保暖用品。尤其要注意活动脚踝和手腕，让这些部位的血液得到良好的循环。

在大多数情况下，人都是在不知不觉中着凉的。因此，要时刻注意自己是否受寒，感觉到冷的时候绝不能一味地忍耐。

139 调整肠道环境

要时刻注意调整肠道环境。以下方法或许可以为你提供参考。

◎ 食用多种食材,注意饮食的营养均衡。

◎ 吃饭时细嚼慢咽。

◎ 按摩腹部,缓解肌肉紧张。

◎ 用围腰等防寒用品防止腹部寒冷。

◎ 好好休息,养成良好的睡眠习惯。

只要稍微调整一下生活习惯,就可以使肠道环境更具活性。

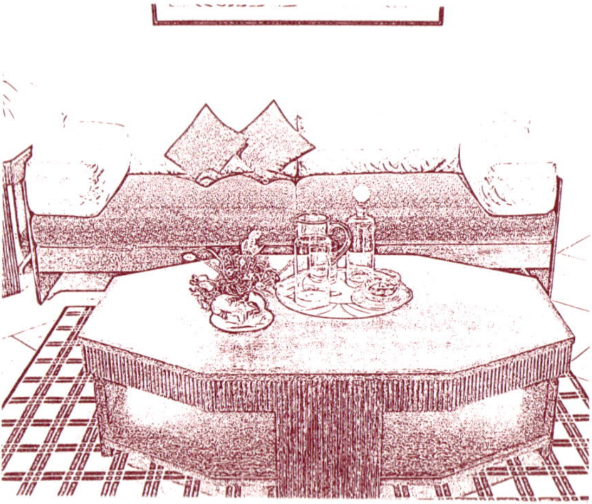

140 好好休息，缓解疲劳

为了提高身体免疫力，休息是不可缺少的，"会休息"很重要。

过度劳累，过度玩乐导致休养不足固然不好，但也不能在休息时间过度放松。从繁忙的工作中突然抽身，整天处于一种懒洋洋的状态，或者睡眠时间突然增多，反而会让身体无法适应这种落差，达不到休息的效果。在这之后再开始活动也需要时间来恢复体力。

工作和休息活动的差别不要太大，适当降低二者的差距比较好。不要不顾一切地工作，然后筋疲力尽地休息，劳逸结合方为上策。例如，转换心情就是一种很好的休息方式。

141 柔软的身体,柔软的心

柔软的身体有很多好处,比如,动作流畅,外观美好,平衡感很好,很少摔倒,所以也很少受伤。

柔软的心就是思维灵活,在面对新事物时能够从容接受,思维不僵化,能吸收更多知识,不断丰富自我,取得进步,不断成长。

因为身体和心灵是联动的,所以让身体变得柔软也有助于塑造柔软的心灵。很多人说上了年纪容易变得顽固,但这是因人而异的。希望随着年龄的增长,你的身体和心灵依然具有柔韧性。

142 从股关节开始维持身体的柔韧性

让我们先从股关节开始维持身体的柔韧性。180度劈叉并非我们的追求,我们的目标是尽可能扩大身体的活动范围。

肩胛骨周围变硬的话会很糟糕:血液循环不畅,难以进行深呼吸,姿态不好……这些都会造成肩膀酸痛。

脚踝是容易扭伤和骨折的地方,脚尖一冷,我们的整个腿部就会变得僵硬。不妨用简单的伸展动作或瑜伽姿势从自己在意的地方开始改善身体状况吧。

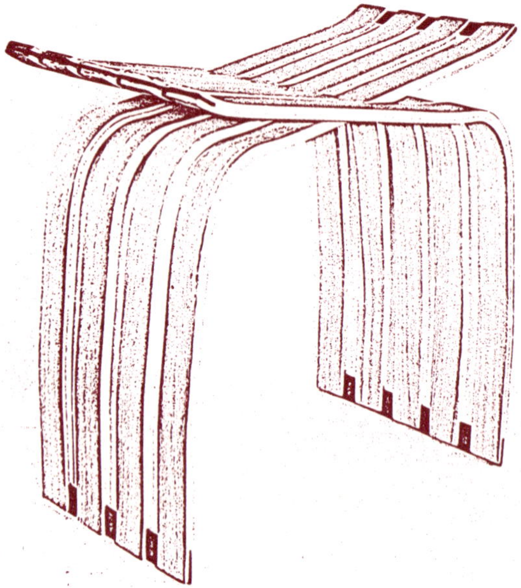

143 逐渐扩大身体的活动范围

如果身体原本就很僵硬的话,就不要过于勉强自己。因为存在个体差异,实际情况可能比预想的更复杂。

首先要消除束缚自己的预设,如小时候因恐惧而导致身体僵硬的创伤,或你的身体并不那么僵硬,但非要与那些特别柔软的人比较,等等。放弃预设也会让你的内心变得柔软。

适当地一点一点地移动,逐步扩大身体的活动范围,是让身体变柔软的秘诀。即使没有发生迅猛的巨大变化,只要你持续不断地努力,终会看到成果。

144 平和地呼吸

如果有人说你柔软的身体里住着柔软的心,你可能会产生让身体变得柔软的欲望吧。

让身体变柔软的秘诀之一就是呼吸。当呼吸变得自然平和时,人的身体动作也会显得柔和。平静的神态和沉稳的举止能给人留下内心柔软的印象。

145　品质生活的色彩运用

积极有效地在生活场景中展现色彩的魅力，能够提升人们的生活品质。快乐生活、享受生活才是品质生活的基本状态。

物品是有质感的，质感和色彩密切相关。另外，空间的色彩使用并不拘泥于单一的颜色，在光的影响下，即使是同样的颜色也会出现细微的变化。

让色彩成为自己的伙伴并非易事。但基本的策略是减少颜色数量和简化色彩组合。

一定要了解不同颜色的特点，学会有深度而不失格调地用色。

想办法做到这一点，你就做到了"品质生活的色彩运用"。

146　肌肤也能感受到颜色

人类不仅能通过眼睛看到色彩,还能通过皮肤感知颜色。据说,有研究发现人的皮肤能分辨光线,并能区分红色和蓝色。

因此,关于服装的颜色搭配,可以注意以下几点:

◎ 幸运色或最喜欢的颜色可以让你的心情变好!

◎ 粉色似乎对女性的皮肤有美化作用。冷淡的三文鱼粉色、婴儿大拇指般的粉色、玫瑰色……不同颜色的效果各不相同。

147　紫色可以维持老年人的体力

　　紫色有刺激细胞内的光修复酶修复遗传基因损伤的医学效果。因此，当身心受损，身体状况不佳的时候，紫色是人们真正追求的颜色。在淡紫色的环境中，人的自愈力会温和地渗透身心，调整人的身心状态。此外，淡紫色似乎能维持老年人的体力，是60~80岁的人最喜欢的颜色之一。

148 绿色和蓝色有使人放松的效果

绿色和蓝色是对人刺激少、令人感到放松的颜色,也是缓解紧张情绪、让人平静下来的颜色。

浅绿、蓝色是卧室窗帘中常见的经典色,也推荐将其用于以稳重、成熟为主要风格的客厅。

蓝色能抑制情感,使人从兴奋的状态中冷静下来。带有灰调的蓝色能够稳定血压,蓝色的桌布或许能起到抑制食欲的作用。蓝色是美丽清澈的水的颜色,是晴朗天空的颜色——虽然遥不可触,但它是生命的颜色。

149　红色和橙色是元气色

　　红色和橙色能够使人的体温和血压上升,让人的呼吸频率加快,心情兴奋。与蓝色相反,红色和橙色有增强食欲的效果。

150　黄色是知性的颜色

黄色能够使人变得理智，让人的头脑更灵活，使人与人之间的交流更顺畅，让人显得更有精气神，是由冬入春，万物复苏的颜色。

151　在生活中减少颜色数量和简化色彩组合

　　将色彩运用到生活中的基本要求是减少颜色数量和简化色彩组合，这条规则也适用于家居环境的设计。

　　你可以从所有室内装饰开始，包括织物、家具、餐桌和服装等。消除和隐藏不必要的颜色，并减少颜色的数量。颜色太多会使事物看起来杂乱无章。一个有品位的人也应该是一个优秀的色彩专家，具有很强的色彩搭配能力。

152　思考生活中整个房间的色彩使用

在减少了颜色的数量之后,再考虑一下整体空间的色彩搭配,以打造一个舒适的家。想象一下你想要打造的空间的样子,用颜色来改变每个房间的室内搭配。同时,要将你的整个住处综合起来考量。

白色是室内设计中最基本和最主要的颜色。如果将墙壁涂成白色,会使房间显得明亮宽敞,白色的天花板会让人感觉房间增高了10厘米。

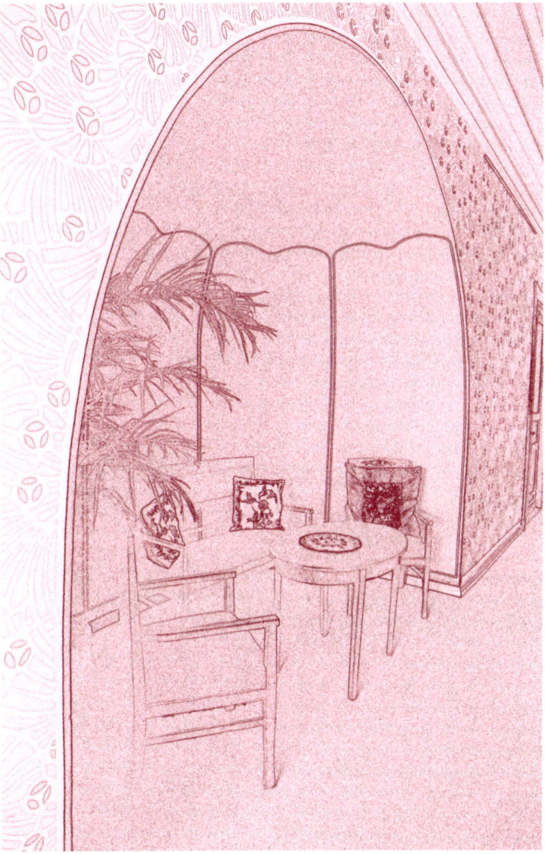

153 插花时的色彩搭配

如果因为喜欢丰富的色彩而将各种颜色的花随意搭配,很难把各色的花完美地组合在一起。在当季的花中,将同色系或最多两种颜色的花进行组合,会显得你的搭配简单而有品位。在插花时,绿色的叶子也能起到辅助的作用。

154　园艺的色彩

园艺比插花更费事，但若用心养护，你就能在每个季节都欣赏到五颜六色的鲜花。高品位的园艺不是简单地将五颜六色的花集合在一起，而是使用同色系的花。如果你犹豫不决选哪种颜色的话，就根据时令确定吧。另外，虽然花的品种不同，但你可以享受到同色系的美。不妨通过"做减法"的方式增加色彩的魅力，只有绿色植物的单色花园也很有吸引力。

155　家用布艺的色彩

◎ 毛巾等家用布艺的基本色是白色。
◎ 客厅和客用的化妆室用应季的颜色可以表达对客人的欢迎,让人感到喜悦。
◎ 毛巾要有良好的触感,选择质地为优质棉的产品。
◎ 麻质的床单和桌布会更让人感到舒适。不过,大多数情况下,人们会根据是否好打理,以及自己的喜好来选择相应产品。
◎ 桌布在1922年才有了不同的颜色,在此之前,就连用于招待客人的桌子也普遍使用白色布艺,如大马士革锦缎。

156　颜色是时尚的命脉

颜色是现代时尚的命脉。比起图案，如果能够更关注色彩搭配的话，你的品位一定会得到提高！

- ◎ 在随意组合的情况下，把上衣的颜色换成适合自己的单色。
- ◎ 把下装换成与上衣颜色相同的、有图案的衣物，这样可以尽量避免穿搭失误。
- ◎ 叠穿时，选单色或相近颜色的服装组合。打底选择与上衣同色的深色或微微露出领口的高饱和度颜色——突出重点会很棒。
- ◎ 互补色的服装组合不妨选用黑色连接两种颜色。你也可以搭配其他的颜色作为点缀，而不是全黑。
- ◎ 衣物的图案应保持一种颜色（单色调）。当然，如果是彩色的花纹或黑色的底色也会显得人很沉静。

157 选用相同颜色的饰品

包、鞋、帽子、皮带、手表等饰品保持相同的颜色会更好。选择一种不会让你感到厌烦又适合自己的颜色。据说英国伊丽莎白女王的手袋和鞋子很多都是黑色的,虽然她总戴漂亮的帽子,穿色彩鲜艳的西装外套,但她的很多饰品都是相同的颜色。

让饰品保持相同的颜色也不容易造成浪费。因为有时你会想让饰品与你当时穿的服装保持同色,或者将饰品的颜色作为重点色来搭配相应的服装。这样,不知不觉间你所拥有的饰品的数量就"增加"了。

手提包和帽子是脱离身体的,所以不用太在意它们和服装颜色的关联,在颜色选择上可以随性一些,但鞋子应该与服装搭配得宜。如果要选择百搭色的话,还是黑色比较好。

158　食材的色彩效果是多种多样的

食材的颜色体现为应季蔬菜的颜色。不同季节的食材，其颜色和效果各不相同。

◎ 夏天是精力充沛、色彩斑斓的，秋天是蘑菇色的，冬天是白色的，春天是绿色和黄色的。

◎ 白色食材对肠胃好，但总的来说可能容易使人发胖。

◎ 黑色的食材中，很多都是健康食材（黑豆、黑芝麻等）。

◎ 红色的食材能让人精力充沛。

◎ 选择食材的基本原则是：选五种颜色（即五色，绿、红、黄、白、黑）。最好根据菜单，常备自己身体需要的、与时令颜色相符的应季食材，将其做成美味的菜肴。
◎ 用绿色衬托食物的颜色，可以使人食欲大增。
◎ 加入可食用的植物和海藻，可以让摆盘看起来更可口。

159　根据季节来更换餐具

餐具的颜色对色彩的呈现效果也有很大影响。

白瓷和染色的瓷器（青花瓷）是非常经典的选择。它们用起来很方便，并且能够搭配所有食物，是称手的好物。陶器（天然的土陶、白陶、乳白色釉陶）种类丰富，很多是日本独有的。

以前，日本人夏季喜欢用瓷器，冬季喜欢用陶器。在现代，餐具在日常生活中的使用则并没有那么严格。不过，冬日的暖汤，没有比用漆碗盛更合适的了。另外，从某种程度上来说，陶器比瓷器更不容易让食物冷却。

总之，在器具颜色的选择上，最重要的是使用能够衬托菜品的色彩。白瓷之所以经典，正是因为白色能衬托所有颜色。

160　颜色是光

　　室内装饰的色彩选用也需要注意光线的变化，比如墙的颜色。受到从外面反射的光的影响，室内空间颜色变化的顺序依次为地板、墙壁、天花板。在决定墙壁刷什么颜色时，我们必须要考虑到这些因素。以前日本房屋使用的纸拉门可以调整光线，营造出柔和的空间氛围。

　　夜晚的光线也发生了很大的变化。以前，在美丽黑夜之中隐约闪耀着烛光，这是蜡烛的魅力。如今，夜空下四处闪耀的光同样令人着迷：19世纪后半期出现的白炽灯到日光灯，再到现代的LED灯，灯光在短短的岁月里发生了巨大的变化。

　　灯光会衬托被照亮的事物的颜色，如樱花大道、古树藤架、建筑物等。此外，将影像投射到建筑墙面上，用生动的投影仪映射出的画面同样令人感到赏心悦目。室内也可以使用艺术照明，通过光的颜色变化呈现不同的视觉效果。

161 颜色的意义

以前,由于原材料都是天然的,那些制作起来比较困难的颜色就被认为是高贵的颜色。紫色由紫根和贝类制成,是一种提取起来非常耗时的高贵颜色。在将紫色叠加成黑色的时代,黑色也被视为高贵的颜色。

另外,身份不同,人们可以使用的颜色也有所不同,贵族和僧侣的袈裟的颜色和宫廷妇女"十二单"的不同颜色组合均有其独特的含义。

使用化学染料基本上可以制作大部分的颜色之后,颜色所具有的对身份地位的象征意义也就减弱了。即便如此,我们仍然希望保留每种颜色的"品格",感受每种色彩所代表的含义。

162　颜色的历史

了解以前的用色规定及其由来。

◎ 日本人喜欢的蓝色以蓼蓝为原料,淡青色以鸭跖草为原料。香槟蓝自古以来也是日本的传统色。

◎ 维米尔蓝使用了昂贵的颜色材料(青金石),因此引发了很多人的关注,其超越了时代的美好让人感动。我们从皇室蓝(靛蓝和紫罗兰色)、王者之蓝(塞夫勒窑)、蓬帕杜玫瑰红(蓬帕杜夫人最喜爱的颜色)等颜色中也能感受到西方的文化。

◎ 西方的宗教画有其基本的用色方法。基督服装上的红色代表血和爱，玛利亚服装上的蓝色代表诚实和纯洁。在西洋历史画中，这一规则具有重要意义。

◎ 金色象征着光。黑暗之中添加一抹金色有更迷人的效果，在日本，金屏风（如尾形光琳的《燕子花图屏风》等）代表着豪华和威望。

◎ 白色和银色即使在明亮的光线下也能表现出沉稳的风格。比如，在白墙上用银色的蜡纸做壁纸就很美观。

163　个人喜好"改变"着人们色彩感觉的历史

"听说希腊神庙实际上是五彩缤纷的。"听了这句话后你有何感想呢？在很多人的想象中，碧海蓝天映衬下的白色建筑就是希腊的典型代表，因此你可能无法相信上述事实。很多人可能都会略感失望吧。

自18世纪末新古典主义时期以来，人们就被白色的崇高形象和白色雕塑的魅力吸引。因此，"希腊神庙应该是白色的"这一想法"封印"了它最初的缤纷色彩，扭曲了事实。

203

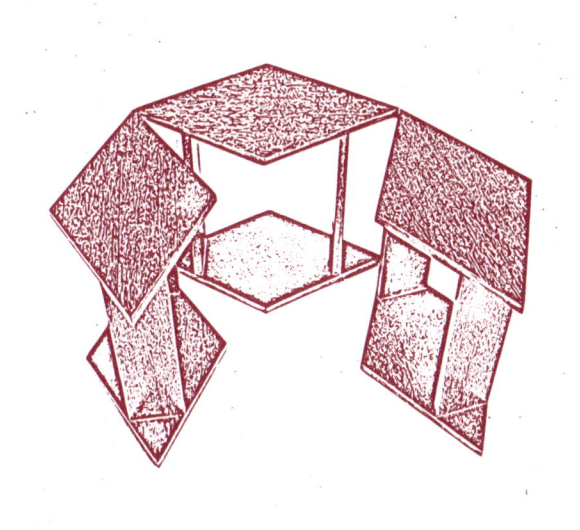

164　日式颜色和西洋颜色的区别

日本传统的颜色，淡樱、青柳、亚麻色、群青色、珊瑚色等大多是对自然界的描述，涉及花和植物、天空和泥土等。由于日本的湿度大，所有的颜色都带有湿润的感觉。总的来说，很多日式颜色中都含有绿色。

另外，西洋的颜色呢？虽然根据国家的文化特性而有所差异（不同国家和地区的颜色有所区别），但干燥、明亮、光照强烈地区的颜色更具有鲜明的美感。每一种颜色都能恰如其分地展现不同地域的美好。

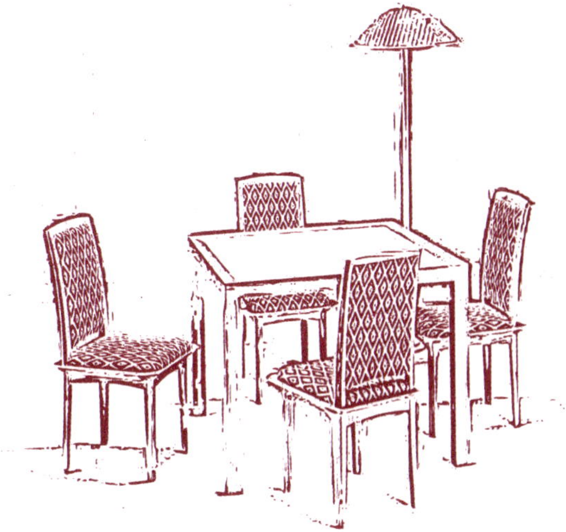

165　白色的优点

白色，看上去是缺点，但实际上是优点。

◎ 容貌不好——一白遮百丑。

◎ 生活混乱——材质不是一眼就能看透的，但白色所具有的清洁感，看一眼你就能感受到。

◎ 恐惧（衣物）发黄发旧——污垢经过漂白也能恢复如初。

◎ 明度过强——白色柔软、温柔，不经意间就可以衬托出其他颜色的美好。

◎ 运气不好——白色的物品很容易发现污垢，但经过保养就能恢复原样。

◎ 不性感——白色拥有超越其他色彩的高雅。

◎ 寒酸——白色毛巾可以一直被用到它生命的尽头。

166　白色拥有个性十足的庄严之美

　　掌握好色彩搭配的话也可以展现出人的个性。用成熟的白色可以展现人的韵味,黑白、白色和灰色等颜色的服装无惧与其他服装进行对比,能够游刃有余地凸显人的个性。白色不仅能表现出休闲的风格,也蕴含着庄严之美。

　　在整个自然界中,最具代表性的白色就是雪,而在绿色的自然环境中,最显眼的植物则是吸引昆虫的白色的花。

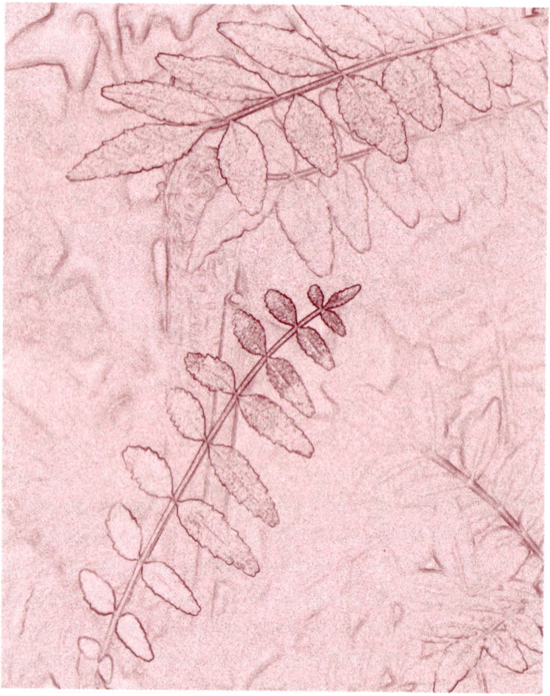

167　在日常生活中使用白色的方法

白色有着多种使用方法,也被用于日常生活中的各种场合,并扎根于生活文化中。

◎ 虽说都是"白",但不同白色的细微之处也各不相同,试着选择一种适合自己肤色,让自己看起来最美的白色吧。

◎ 白色给人的印象包括清洁、广阔、轻盈、简单、高贵等。尝试利用白色来装点住所和塑造自我吧!如果把墙刷成白色,会让人感觉空间宽敞;如果把天花板刷成白色,会让天花板在视觉上显得更高。

◎ 桌布、毛巾等家用布艺、厨房用具也可以用白色的。

◎ "减去一切即白色""未添一物即白色"。

白色和黑色一样,是一切开始的颜色,也可以说它们是终极之色。白色和黑色一样,因为没有色相,往往被认为不属于一种色彩,但是现在它们作为常用色而备受关注。

168 白色材质的多样性

　　白色常被用于灰泥、白墙、纸拉门、白色蕾丝等物。

　　乳白色是丰富、有层次的一种颜色，如白色和服（白无垢）、木棉或麻、白色大理石、香粉、白胡椒粉、滑石粉（婴儿爽身粉）。滑石粉的白色作为藤田嗣治画中常使用的颜色而广为人知。

169　表示白色的多种多样的词

很多词都能表示白色。

比如，乳白、雪白、脏白、暗白、黄白……

在英语中也有"snow white"（雪白）、"cool white"（冷白）、"milk white"（乳白）、"eggshell"（蛋壳色）、"shell white"（贝壳白）、"ivory white"（象牙白）、"off white"（米白）等描述白色的词。白色的最高反射率接近100%。

170　白色服装的意义

白色是象征纯洁、无瑕、纯真的颜色，是结婚礼服的常用颜色。白色婚纱起源于1840年英国维多利亚女王在婚礼上所穿的婚纱。

另外，发源于法国南部的"Soirée Blanche"派对的着装要求是穿白色服装，数百名穿着白色礼服的人聚集在一起。他们可能以提倡时尚潮人所穿的白色服装为情趣吧。

171　极具个性的黑色

虽然全黑或者黑白相间的室内装饰在商业空间或者特殊的空间（舞台呈现）中是存在的，但在居住的空间中则可能显得过于个性化。

没有什么颜色比白色显得空间更大，而黑色通常会给人留下一些负面印象。人们一般用黑色衬托主色，在视觉上，黑色也能起到收缩的作用。

想要使用黑色的时候，要注意黑色与其他颜色之间的平衡。具体在何处使用黑色，用何种材质的黑色……这些都需要仔细斟酌。

172　黑色地板

黑色地板并没有想象中那么不协调，它反而能营造出沉静的氛围。

◎ 用羊毛材质的地毯铺满整个地板（wall to wall，即地毯和墙壁相连）。

◎ 用碎花地毯作为局部装饰。

◎ 用花岗岩、板岩等瓷砖。

你可以通过以上几点打造个性鲜明的时尚住宅。

173　黑色窗帘

黑色窗帘兼具魅力与实用性。也可以使用天鹅绒、缎面等材质的窗帘,其光泽和质感可以削弱黑色给人的压抑感。使用黑色的窗帘内衬,遮光效果很好,交织重叠的织物会更有效果。

174　黑色的桌椅

◎ 包裹黑色皮革的沙发很常见，大尺寸的沙发会过于显眼，给人以沉闷感，所以要注意。

◎ 轻盈且形状好的黑色沙发品质感很好，值得推荐。

◎ 黑色的小椅子虽然整体框架十分纤细，但也能展现出清晰的轮廓线条，虽然略显奢华，但很美观。

◎ 如果桌面是大理石黑、油漆黑或其他有质感的黑色，那么黑色的桌子看起来就会很时尚。如果桌面是木质的，可以涂上黑色石灰漆，使其与材质搭配得更和谐。

175 黑色小物件的效果

把小物件做成黑色的会起到很好的点缀效果。

◎ 台灯上的黑色遮光帘看起来是很有个性的装饰。

◎ 花朵插在黑色花瓶里看起来会更显眼。

◎ 黑底碎花图案会让整个图案看起来更精致。

◎ 黑色画框能让图画看起来更紧凑,黑色的细相框适合石版画、蚀刻画等单色画,当然,黑色与色彩鲜艳的物品也相配,再加入一点金色,就会给人豪华的感觉。

◎ 把穿衣镜(镜子)的镜框换成有光泽的黑色,室内装饰会更显紧凑。

◎ 漆、陶瓷材质的黑色餐具能体现出品质感。如果是玻璃材质的黑色容器,则会给人留下深刻印象,但摆盘要简单一些。

176　黑色服装

据说玛丽·安托瓦内特为了让自己的服装更显眼,将侍从、侍女等家臣的服装都换成了黑色。

近年来,米色和黑、白、灰等颜色的搭配让人感觉很别致。香奈儿在1926年设计了小黑裙礼服,后来日本礼服设计师川久保玲、山本耀司又把"全黑"带到巴黎,让现代的黑色略显休闲。

177　自然的治愈之色——樱色

古时候的日本，人们似乎就意识到用樱花来比喻清澈明亮的美，相信樱花有净化心灵的力量，并为了祈求平安和繁荣而举办赏花活动，赏完樱花后，人们会感觉自己的心灵得到了净化和安宁。

自古以来，对樱花的热爱一直是日本人审美意识的一部分。平安时代宫廷会举办赏花宴，丰臣秀吉的"醍醐赏花会"也很有名。日本人如此喜欢樱花，大概是因为樱花和日本人的某些心境非常契合吧。

花瓣在光线下闪耀的纯洁光彩让人爱不释手。风一吹，花瓣飘飘洒洒散落于地，它们随风飘落的美妙景象让人感动。优秀的歌人（纪友则、在原业平、西行法师等）吟诵樱花和人的生命的短暂。到了江户时代，很多老百姓也开始赏花，樱花一齐盛开又一齐凋谢，这种纯粹的精神之美俘获了很多人的心。

178 樱花的品种和美

染井吉野是日本最有名的樱花品种,单瓣、淡粉色、清澈透明的花朵给人以明亮通透之感。

染井吉野樱是由江户时代染井村的园艺师和花匠开发的,充分利用了大岛樱的花朵大而美和江户彼岸樱的花能迅速覆盖整棵树的特点。其花名是以染井村和赏樱名所吉野山的名字命名的(顺便说一下,吉野山上的樱花是山樱)。

樱花颜色和嫩叶颜色的结合(叶樱)也很美。在清澈的天空中,阳光穿透花瓣,樱花的颜色和嫩叶的颜色交相辉映,美不胜收。

樱花之色自古以来是象征日本的颜色,它表现出一种平和、温柔之美。

179 种樱花和赏樱花的方式

樱花结合其栽种方式,就有了各种各样的名字。

◎ 一本樱:树枝的姿态和树的大小虽然重要,但更重要的是要有陪衬物。它对瀑布、河流、柳树,以及樱花树旁或背景中的其他陪衬物体都有很高的要求。

◎ 堤岸樱:其与沿河堤岸的树木互相竞争。而且,在河川和堤岸两边,哪里的树形态高大,种植广泛,哪里就成了名胜。

◎ 大道樱花:因道路两侧樱花的枝条形成"樱花隧道"而得名。

◎ 水面樱花:树的姿态就是水面樱花的生命。它的美在于悬垂在水面之上的姿态。如果树枝能一直延伸到池塘对岸,那就太美妙了。这样无论从哪个角度都能欣赏到它的美。

◎ 学校樱：从老树到"中年时期"的树，再到年轻的树——它们在讲述着时代的故事。

◎ 公园樱：在公园的任何地方，人们只要抬头就能看到樱花。只有一两棵樱花树是不能称其为公园樱的。

◎ 寺庙樱花：以神社佛阁建筑中古树的年代、大小为标准。

第二部分

坚强、美丽的心灵，塑造人的内在品格

180 品格之美

"品格"是极具人性的感情的。如果把品格放在心里的重要位置,你就能自由地管理自己的内心世界,控制自己的情绪。即使身处逆境你也不会气馁、迷失方向。

另外,品格会增加人的自信,让你在人群中脱颖而出,提高周围人对你的信任度。随着信任度的提高,你的品格又会得到进一步的提升,你的内心也会变得更加高尚。

品格体现着一个人内在、精神和心灵的"终极"之美。

181 提升情商

未来,人工智能(AI)的"智力水平"(智商)可能会超过人类的智力水平。但人的情商、情感智力(人所拥有的丰富而美好的情感)水平的提升则是无限的。

品质生活需要人们提升情商,控制自己的情感。智商与人的学习能力相关,情商与个人品性相关。

让我们提升情商,过上品质生活。

182　渴望的幸福

人是为了追求幸福而生的。谁都渴望得到幸福，并为此而追逐着幸福，但"幸福"是什么呢？

例如，充满积极的情绪（愉快、爱、喜悦、希望、兴趣、感谢、自豪等），把时间花在自己喜欢的事情上，拥有良好的人际关系，身体健康，明白生活的意义，目标明确，并向着目标迈进……这就是幸福。

越去寻找所谓的幸福，幸福就可能离你越遥远。因此，先过好现在的生活，享受眼前的小确幸。这样一来，从内心生发出的爱就会成为幸福的原点。幸福并无大小之分，只要你自己感觉大，那就是大的幸福，即使是小确幸，只要你觉得满足，那也是大的幸福。

183　接触动物会被治愈

爱犬、爱猫、爱马、爱鸟或与植物之间产生的感情和羁绊是身边的幸福。很久以前,狗和马就与人类共同生活、相互信赖,被称为人类的"伙伴"。其实,对人而言,任何经过自己精心养育的生物都是"伙伴"。它们会目不转睛地看着主人的眼睛,想了解主人想要什么。

与动物靠在一起,它们毛发的触感和温暖能消除人的疲劳。即使不是自己养的狗,散步时路遇的狗也能对人产生治愈的效果。

184 寻找更多的小确幸吧

什么时候会让人感到幸福呢?

当你因为遇到美的事物而感动的时候,当你坦诚地表达情感的时候,当你的同情心被唤醒的时候,当你在大自然中呼吸到清新空气而感到安宁的时候……这些时候都能让人感到幸福。还有,与他人、动物的身体接触,也能让人获得沉静下来的幸福感。即使不是奢侈的庆典,在日常生活中感受小确幸也能提高人的满足感。

185　激活幸福荷尔蒙

多巴胺、血清素、催产素等幸福荷尔蒙，可以控制大脑中的精神活动。

◎ 多巴胺是制造肾上腺素、去甲肾上腺素的前体物，是让人产生干劲、快乐和成就感的幸福荷尔蒙。

◎ 血清素是能够打败压力的"元气激素"，有平衡心理（消极心理和积极心理）的作用，能够让人获得稳定感和平常心。

◎ 催产素能给人带来安宁。它可以令人感到精神安定和心理平衡。与人或与哺乳类动物的接触能够促进这种激素的分泌。

186 "成就感"是触手可及的幸福

我们随时随地都能获得日常生活中的幸福。

例如,"成就感"就是一种容易获得且能够让人感受到幸福的感觉。

用自己的双手去创造一个物品——简单易用的编织物、拼贴、写生、手绘卡片或明信片等。试着用身边的事物表达自我,这样就能获得"成就感"。

另外,在手账或日程表上记下当天的工作安排,完成之后你也会收获满满的"成就感"。

187　幸福的必要条件

◎ 记住，对别人心存感激对自己也有好处。
◎ 抱着不气馁、乘风破浪的觉悟，乐观地向前看。
◎ 通过接受事物的多样性来获得现时的幸福。
◎ 在日常生活中发现微小的美。
◎ 通过提高感受力来增加快乐的次数。

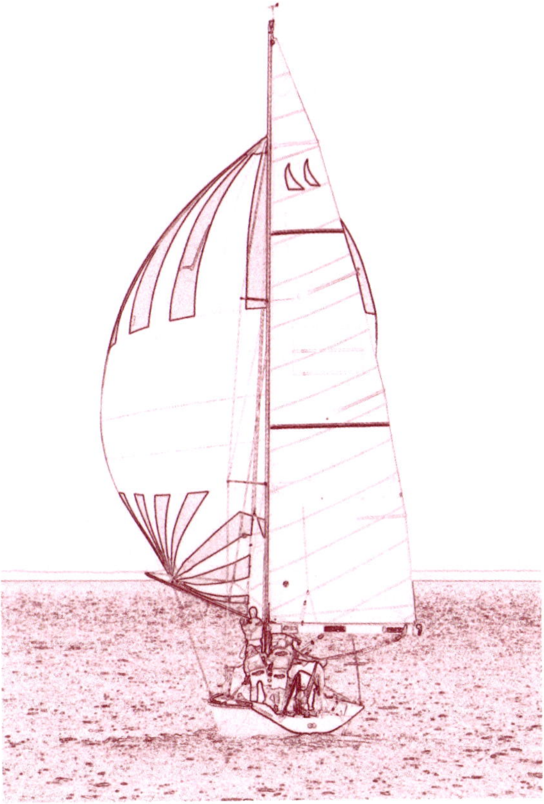

188　管理自己的情感

通过"管理自己的情感"在情感方面养成良好的习惯。

"管理自己的情感"是品质生活的一条规则。它不仅能保护自己免遭危险,还能防止自己伤害对方,给彼此都带来幸福。

通过自我管理,你就可以将情感很好地传达给他人和社会。

知识可以原封不动地被表达,情感则不同,如果随心所欲地表达,你的情感就容易被人误解。自我管理是与他人沟通的必要条件,美好的情感更应该有效地、谨慎地被传达出来。

189　情感就是自己的个性

在日常生活中,我们要仔细体察自己的感受,因为什么而被感动……明白了这些,你就能了解自己的个性。

在此基础上去平衡好自己的情绪(消极情绪和积极情绪),并且要适当地调整过于低落或过于激动的情绪。

190　快速地感受情绪

　　于人而言，重要的是体察情绪，而不仅仅是语言。快速感受情绪的第一步是识别自己的情绪，同时也要体察到他人的情绪。

　　人既有消极的情绪，也有积极的情绪，这是很正常的。如果能管理好自己的情绪，你就可以在传达真挚感情的同时，不让彼此的关系陷入混乱。

　　懂得很多情感的细腻表达，有助于更好地体察自己和他人的情感。虽然喜怒哀乐都是人的情感，但各种情绪的表达方式并不相同。

191　磨炼心的灵活性

有的人为了不让心灵受伤而把自己关在"壳"里,把心墙变成厚厚的石头、砖头甚至水泥墙。但这堵墙并不牢靠,它非常脆弱,一击即碎。

只要你灵活应对,丰富的情感也能磨炼和支撑薄壁细柱构筑的心灵,这取决于你能否管理好自己的情感。

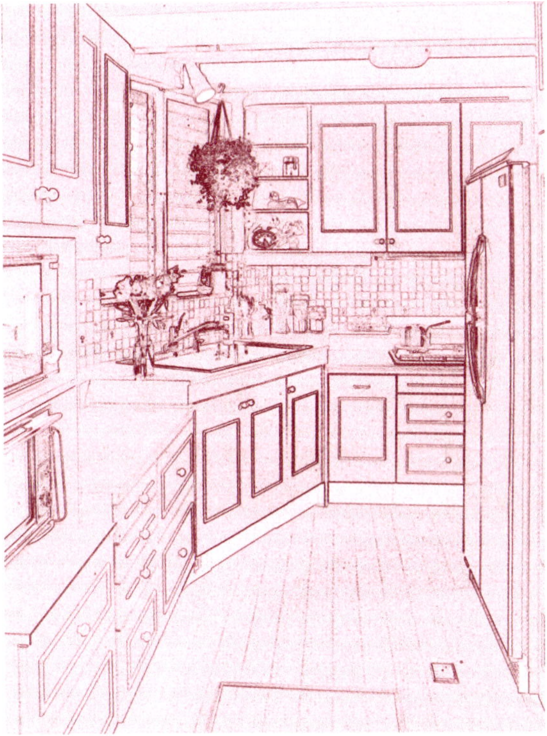

192　只记住积极的情感表现

忘掉难受、悲伤、痛苦等消极的情感体验,多使用积极的方式表达情绪吧。用魔法般的语言,汇聚正能量。

心情喜悦的情感表现:

可爱、欣赏、怀念、愉快、快乐、出神、畅快、欢喜、幸福、可喜可贺、爽朗、喜欢、高兴、心动、舒适、满足、安稳、爱慕、慈爱、恋爱、害羞、腼腆、激动、舒服、感激、美好的、感谢、温柔的、靠得住、承蒙关照、得到帮助、怀抱梦想、心中有理想……

193　偶尔守护自己的感情

虽然女性忧郁的表情也是美丽的,但是抵抗住外界影响,避免让自己受到伤害也是十分必要的。为了不让自己受伤,要避免一味地接受别人的感情。

这是一种让你重新振作起来的临时手段。不要把一切都归咎于外部因素(他人的言行、运气不好、环境等因素),在下一阶段遇到事情时,你要认真对待并对其做出公正的判断和处理。

194　顺应时代的变化

时代正在发生巨大的变化,我们需要重新确定自己的视角、视野和立场。不要只固执地坚守自己的信念,还要意识到自己的情感智慧,拥有能接受变化的视角,这样才能传达出自由而丰富的情感。

无论是现在还是未来,都要明确自己的目的和目标。在变化的时代中,拥有灵活的、高超的情感管理手段变得越来越重要。

195　心灵的伤要自己疗愈

即便算不上"心理创伤",我们在日常生活中也会经常受到精神伤害。

每个人受到伤害的程度和原因各不相同。根据神经质、敏感程度等不同,每个人受伤的方式也不一样。有时候,一些事情当时没觉得有什么,但过后却让自己十分痛苦。

你可能会把责任推给别人,以此来安慰自己。但有时对方并不觉得自己伤害了别人,没有意识到伤害了别人是不会感到自责的。这种时候,你心灵的创伤会越来越深。相反,如果你伤害了他人,道歉后得到了对方的原谅,那就是万幸;如果得不到对方的原谅,伤害可能反而会压在你自己身上,这是一个非常棘手的问题。

我们要不依赖别人,自己治愈心灵的创伤,经常清除内心冗余的情绪。如果能努力自我治愈、自我净化,你的心灵创伤就能尽早愈合。

196　快速忘掉受伤的事

不要把心中的创伤一直埋藏起来,只要将它从记忆中抹去就好了。永远不要为痛苦的回忆而纠结。

快速消除心理创伤是调整心态的好方法。

遗忘有很多好处,这就是其中之一。

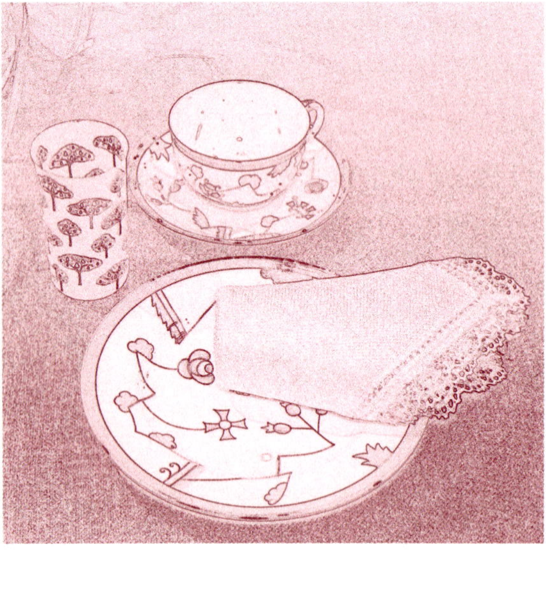

197 如果伤害了别人就立刻道歉

实际上，我们在伤害别人的时候，自己也会受伤。感觉自己伤害到别人的时候，立刻道歉才是礼貌之举。不管因何种理由而伤害了对方，尽早处理才是最佳选择。

但是，无论事情大小，对方的自尊心可能都会受到伤害。所以，有时候对方不愿意原谅也是可以理解的。这种情况下我们就只能放弃，与对方保持距离即可，不要因为长时间的过度反省而疲惫不堪。尽快平定内心，恢复状态方为上策。

198　自我净化

受到伤害时，你要想办法尽快重新振作起来，千万不要一味地把责任归咎于对方，对方可能不会认同你的想法，事情也会变得复杂，反而解决不了问题。

要通过自己的努力来抚平心灵的创伤，也就是"自我净化"。你可以寄情于艺术环境和大自然，让这些伤痕平静地消失。虽然有时会花费一些时间，但你可以集中精力做些其他的事情，在抚平创伤的同时温柔地对待自己，直到伤痛消失。

255

199　换位思考

换位思考和倾听对方意见比输出自己的想法更重要。

认同对方的幽默和诙谐对良好的沟通至关重要。很多人觉得日本人没有幽默感，这是一个错误的认识。可能大家对对方会有一些刻板印象：彼此都觉得对方是个严肃的人，所以对方应该不会讲笑话，不懂幽默吧——这样的话，幽默达人就会减少。

200　成为倾听者

比起说话,善于沟通的人更乐于倾听。在交谈中,你要确保六成以上的时间是在倾听对方说话。理解对方的话,体察对方的心情,适当地随声附和,适时地发表自己的意见……这样对方就会觉得与你共度了一段美好时光,也更容易信任你。

减少自己说话的时间,更好地理解对方所说的内容,随后再称赞对方,这样能够让对方对你产生好感。

201 理解对方

初次沟通时,要认真倾听对方说话,最好不要否定对方,要以接受的态度来倾听。比起为了让对方理解自己而说很多的话,明白对方的想法和情感更重要。

好好理解对方的语言用法及其谈论的话题,也可以通过开玩笑的方式来了解对方的真实情感。

202　对亲密的朋友也要少说负面的话

与家人、朋友等与你关系亲密的人交流时，保持好话和坏话"五五分"，这样可以保持高效而愉快的对话。

与家人、朋友说话时，可以轻松地交谈，说什么都可以，但不要说消极之语，除非这些话对对方很重要。不要向自己以外的人谈论你所获得的信息，除非是好消息。相反，即使不是直接相关的事情，只要是令人感到愉快的话题、有趣的话题、能使人心情变好的话题，你也可以在亲密的关系中多说一些。你要多多练习说话的技巧，培养自己的幽默感。

203 配合对方

你会问问题吗？不是提问，而是引导对方说话。记者采访时一般都会事先调查一下受访者的情况。因此，为了听到想要的答案，不要问一些让对方难以回答的问题和毫无意义的问题，而应该站在对方的角度提问。

沟通的首要任务是了解对方，你需要先与对方建立信任关系，然后再继续交流。

在谈话中，不要随意开一连串的玩笑，稍微加入一些符合对方理解能力的笑话就能缓和气氛。

204 不要急着否定对方的情感

即使对方的情感表达让你觉得与他合不来,你也要认真倾听,不要急着否认对方的话,不妨暂且接受。接受对方的情感会缩短你与对方的距离,你们之间的交往也会变得顺畅——这是获得信任感的第一步。

如果发现对方的情感表达方式和自己不一样,你就不需要强加幽默,虽然你是为了缓和气氛,也有可能得到适得其反的结果。

205　善于理解别人的笑话

当有人讲笑话时,你要能迅速接受并做出反应,而不是仅仅把它当作一个笑话来听。

即使对方讲的是比较老套的笑话,你也要温柔回应,因为对方可能正在尝试一种幽默的交流方式。

如果双方能够有来有往地搭话,你们的对话对彼此而言都会很舒服。无论选择哪种方式沟通,笑和交流都是日常生活中必不可少的行为。

没有必要非开玩笑。如果你自己没有幽默感,那就做到彬彬有礼,保持敬意。舒适而简短的洒脱对话是最理想的交流方式。

206　开玩笑的基本常识

不要为了逗大家开心，而拿别人很在意，以及对别人来说很重要的事开玩笑，那样会伤害对方，破坏气氛。

反之，如果对方毫无恶意地开了贬低自己的玩笑，那就轻描淡写地回避或者当作耳旁风即可。对于别人自嘲的话也不要深究，或许当时你觉得好笑，事后却感觉很尴尬，这种"幽默"并不是"善于沟通"的表现。

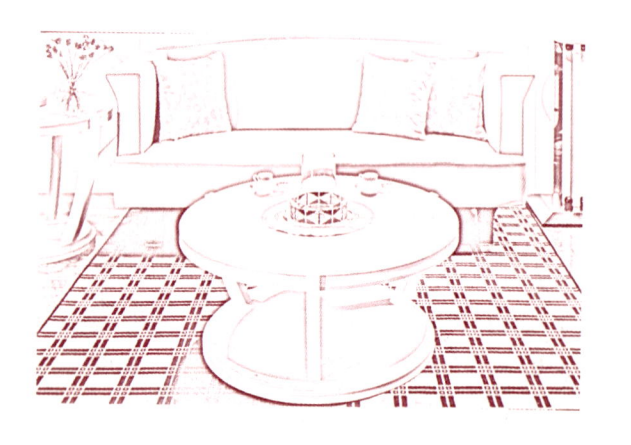

207　语言的使用

语言的种类和使用也和服装一样，需要根据TPO（时间、场所和场合）来加以区分。

在语言使用方面，与其翻阅手册，不如参考戏剧和相声语言的用词——它们称得上是范本。此外，你可以根据年龄选择自己认为好的语言，选择内容恰当的词语，与别人进行舒适而简短的对话。

208　选择柔和、优美的语言

使用优美的语言表达出来的内容会给对方留下良好的印象。

把刺耳的词句换成柔和的话语吧,只记住优美的语言,并将其灵活地运用到人际交往中,这也是一种锻炼——无须装腔作势,简单的话语就足够了。

有时加入一些带有古韵的新奇词也未尝不可,温柔丰富的情感表达会让你的人际关系变得更和谐。

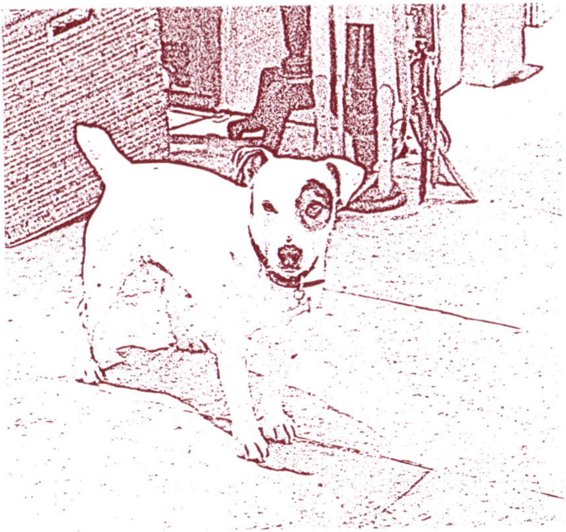

209 柔和、优美的词

温文尔雅、坐姿、站姿、端庄、婀娜、温和、柔软、衣着整洁、性情、精神准备、内心修复、全心全意、关怀、打算、留心、思想准备、心情舒畅、一心一意、真挚、努力、专心、勤奋、一丝不苟、竭尽全力、纯洁无瑕、擅长、褒奖、憧憬、友好、相似、绝妙、时尚、熟识、缘分、快乐、愉快、高兴、亲密、爱、因缘、放心、普遍。

210 言行一致

语言与行为是一体的,保持言行一致就能获得周围人的理解和信任。

相反,如果一个人言行不一致,即使他的话说得再好听也会起到适得其反的效果。"殷勤无礼"一词就是指表面恭维但内心瞧不起对方——这是言行不一致的典型表现。

理想的情况是:你能够掩饰住问题,让人感觉不到它的存在,用无形的善意将问题包裹起来。即使你不善言辞,人们也能从你的行为中感受到你的善意。

211　遵守约定

遵守约定是言行一致的典型行为。说做就去做是一种理所当然的事情,将其贯彻到底,别人对你的信任感自然会增强。

与其在行动之前对将来怀揣不安,不如努力尝试,不断前进。即使周围的人忘记你说过的话,你也不要轻易放弃自己的计划,这样也是某种意义上的言行一致。

这也可以体现你品格高尚,内心坚定。

212 "只停留在口头上"很危险

要将语言与行为相结合。说话时不要忘记向对方表示敬意,使用尊重对方的词语。行为自然也要与你的语言保持一致:用温柔的行动来印证自己说过的话,时常记着自己说过的话,不要只停留在口头上。

将礼貌的语言与有的放矢的行动结合起来是很不容易的。不过,一旦做到了,你就会感到心情舒畅,神清气爽。

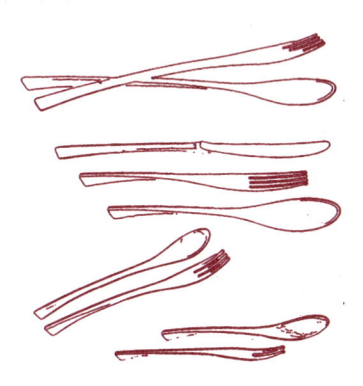

213 "好事情日记"

很多人都在记日记,但他们有的坚持记,有的时断时续地记,有的放弃了。每个人各有各的情况。

"好事情日记"是一本记录当天美好事情的日记。其记录方式比较自由,重点是日记的内容。例如,你可以以画画的形式记录,但重点是体会到画画的愉悦和创作的乐趣。

即使当天没有发生什么好事,你也要考虑如何改善,才能让自己朝着好的方向发展。

另外,你可以通过记日记的方式审视自己,从而获得成长。你还可以通过写作梳理思路,放松心情,获得新的见解,提升对事物的关注度。

214　把当天发生的好事写成故事

选出当天发生的好事,并以记日记的方式进行分析。

如果当天没有好事发生,就探讨怎样才能变好,寻找明天需要改进之处。你可以通过文字来整理自己的思路,即使不能马上找到解决方案,它也可能帮你发现解决问题的契机。

215 尝试以图画来记日记

不必拘泥于以文字的形式记日记,画画也可以——你既可以写生,也可以写意,即使没学过,你也可以想画就画。你的画不必展示给别人看,表现真实的自己即可。通过画画来发泄心中所想,你会感到神清气爽,心情大好,此外,它还能为你的明天蓄积能量。

216 自由地表达

尝试表达出自己现在想写及想留下的东西。把照片和剪贴画等各种各样的东西拼贴在一起,或许你就会收获意外之喜。

如果能如实表达当下的感受,你就是一个"艺术家"。养成习惯后,即使不是每天都这样做,你在色彩运用方面的品位也会提升。

217　看到自己新的一面

你可以从"好事情日记"中发现自己新的一面。只记住好事并寻求改善,你就会有所改变。

你也可以把写"好事情日记"的时间作为自己冥想的时间,比如写日报(一边写,一边冥想)。你也可以换个角度审视自己,让自己不断成长。此时,你或许可以发现创造"自我文化"的契机。

218 提升"感性"

最近，我们或多或少地感受到了未来的不确定性。其实，无论在哪个时代，未来都是不确定的。在长期的和平时期之后，人们很容易产生一种恐惧心理：担心一些危险的事情会发生在自己身上，自己不希望发生的事情一旦发生了怎么办……然后，为了抑制此类情感，我们会不自觉地把责任归咎于其他事物。

作为普通人，我们有时会感到无能为力，希望有人能解决气候变化、政治动荡、人们焦躁不安等所有问题。当然，可能有人会想出好办法，但这并不容易。我们每个人都要思考，并把自己想到的策略在力所能及的范围内实践一下，这样可能会更快地解决问题。比如认真对待在联合国峰会上通过的联合国可持续发展目标（SDGs）等，在生活中正确地传达这些信息是我们每个人都能做的事情。

219　应对恐惧心理的方法

恐惧心理是人为了保护自己而存在的心理现象，是一种重要的情绪。如果人完全没有恐惧心理，就很难生存下去。若是遇到很小的事情，你也会过分恐惧，就要稍微控制一下这种"过剩的恐惧心理"。

对于应该做的、能做的事情，不要胆怯，勇敢地去做吧。同时也不要对自己过于放心，保持足够的谨慎也是必要的。你需要的是想象力，虽然无法想象所有可能会发生的事情，但还是要注意聆听与生活相关的内容，事先想象一下如果此事真的发生，你该如何自处。

220 制定思考问题的标准

在这个不安定的时代，有很多不确定的事情，因此这个时代也是"独立思考的时代"。思考有助于我们抑制"过剩的恐惧心理"。

因此，准确判断信息，分辨正确的事实尤为重要。你现有的知识和经验也是很有用的判断依据，此外，你还可以凭借自己的直觉进行预测。不妨将以上方法综合起来，制定自己思考问题的标准吧！

221　只传递确定的信息

适当抑制自己的恐惧心理，先做自己力所能及的事，然后再考虑其他手段。要想站稳脚跟，就要提高自己的敏感性。

在恐惧心理的迷惑下，发布不确定的信息是非常危险的。刺激性的信息很容易传播开来，被别有用心之人扭曲，这是很可怕的。而分享基于真实经验的信息更容易得到别人的信任，因为这种信息是可靠的。

222　超越好恶的"认定美的习惯"

提高感性就需要"拥有自己的审美意识"。只要选择大家都觉得好的东西即可——这种安逸的时代已经结束了,这其中有很多原因,最明显的就是人们的审美越来越多样化。你可以自由地做出选择,但必须对这个选择负责。因此,请做好心理准备再做决定。

以前,和大家一样会令人感到安心,但多元化意味着你必须自己决定如何生活,就像在餐厅点菜一样,你不能说"我和其他人一样就行"。

因此,所谓自我,就是自己做决定。首先,"拥有自己的审美意识"就容易理解了。所谓"认定美的习惯",就是在"拥有自己的审美意识"的基础上识别出那些优秀的、出色的东西。

这既不是根据别人的评价做出选择,也不是依据自己的好恶来决定,而是从说出"我认为这很好"开始。

223　把握自己的审美倾向

什么样的东西是美的？从"拥有自己的审美意识"开始吧。例如，如果你在逛美术展和博物展时感觉很棒，甚至达到想购买同款的程度，请记住这种感动，如此持续下去你就能把握自己的审美倾向。

当生活中的点滴累积到一定程度后，你可以思考一下，然后赋予其意义。你甚至可以翻阅文献资料确认一下某样事物的特征，以明确自己的审美倾向。例如，你可能经常选择同一时期，或同一艺术家，或同一工作室的物品，那么这可能就是你的审美倾向，同时也是你创造"自我文化"的基础。

224 尝试成为"时尚编辑"

你可以观察一下服装店里的服装搭配情况（当作参考），或者在互联网上浏览一些品牌系列和T台秀，看看哪些东西能吸引你。

如此，你就能把握住自己审美意识的整体倾向，明确某一事物的哪个点打动了自己，例如，你可以通过名人的时尚穿搭思考一下为什么这件衣服跟他比较搭配，把自己当成时尚编辑，思考哪些事物是美的。

225 在花店挑选花卉

花一段时间环顾花店,试着挑选鲜花,将其做成花束,你就会了解鲜花之美。

当你真正需要花的时候再去考虑预算就会花费很多时间。因此,在还没有计划的时候就看看自己喜欢哪些花,这样能在真正需要买花的时候为你提供参考。

226　熟悉椅子

熟悉家具也应该作为提升审美水平的习惯之一。椅子堪称最美家具,你可以从挑选椅子开始练习。试着找一把漂亮的椅子,一旦你觉得看着它得到了审美上的满足,那就可以购买它。

认定一把椅子的美,单靠看不行,也要检查坐着时的舒适感,椅子的尺寸是否合适,还要明确你对它的使用目的。

227　熟悉内饰织物

通过对布料的观察和触摸来培养自己辨别优质材料的能力。

228　接收有益的信息

视野狭隘和缺乏知识容易陷入以自我为中心的思维模式。如果过于以自我为中心，又不善于反思，你就会被时代抛弃。

比起上进心和自我表现欲，现在我们所需要的是一种具有信赖感和认同感的信息，这种信息能成为生活在不安定时代的我们的救命稻草。

我们真正想要的信息，是具有真实感的信息。通过彼此之间的信息沟通，我们的焦虑可以得到缓解，哪怕效果甚微。

229　手工制作的礼物可以表达亲密感

收到专业人士制作的甜品或伴手礼，你肯定会很开心吧，但也有人觉得，手工制作的礼物可能只是创作者的自我满足。手工制作的产品需要投入大量的时间和精力，且其质感也很难保持稳定。果酱、烘焙食品等用心制作出来的美味食物自然会让人感到高兴，但也难免出现另一种情况：如果做得不好，光是想想让对方收下这份礼物你就会觉得很抱歉。能说出"我只送最好的东西给你"这样豪言壮语的人，其做出来的东西估计也是大师级的吧。

把材质好、花费时间和精力用心制作的东西送给别人，是一种重要审美意识的自我表达。而作为接受方，即使有时会觉得麻烦，也要以温和的心态接受馈赠。

230　传播中体现出一个人的价值观

信息体现了传播者的价值观,对方可以由此判断出你是什么样的人,你发出的信息就是在公开展示自己。除了社交平台上的信息,日常的简单对话,邮件、短信中的一两句话……也在传达着某种感情。

231　不传播道听途说的信息

　　不放大那些自己不确定的事情。随意传播道听途说、未经证实的信息是一种不负责任的行为，我们要做到只传达自己认可并确认过的有用的信息。

232 有时候,不传播也是一种"自我传播"

当你知道了什么不好的事情时,就让它在你这里停住,这种事情对任何人来说都是一种负担,因为大家都不想承受自己无法接受的事情,才会忍不住想找个人倾诉。因此,若是遇到不好的事情,希望你能够将其自我消化——有时,说与不说都是一种"自我传播"。

233　接受变化，以丰富的想象力去关怀和体谅他人

有人在路上乱扔垃圾，也有人把道路打扫得干干净净。

早起的人可能会在人流增多之前就把道路打扫得很干净了。

乱扔垃圾的人缺乏对清扫工作的想象力，他不会想到自己扔了垃圾之后得有人清理。一旦意识到这一点，他可能就不会乱扔垃圾了，或许会考虑以适当的方式将垃圾处理掉，而非直接丢弃。

最近我比较关注人工智能，人们对它的某些工作能力确实是有需求的。然而我们人类也在改变，现在有必要做一些诸如不乱扔垃圾等我们力所能及的事情。

培养想象力，与时俱进，不断丰富自己，同时，互相体谅也会提升人的修养。

234　想象力能使人互相体谅

　　我认为，想象力的低下与人性的劣化成正比，越来越多的人失去了想象力，缺乏同情心。

　　想象力是人在读书或听人说话时，通过大脑对颜色和形状的思考培养出来的。在现代社会，很多信息都是人们通过电视、网络中的影像和视频获得的。人们可以直接看到事物的颜色和形状，不用想象也能理解其要表达的内容，并享受其中的快乐。有很多事物，人们不需要调动想象力，也能充分感受其中的趣味——其结果是，很多人无法想象并预测自己的行为会产生怎样的结果，鲁莽行事的人越来越多。也可以说，看懂别人的行为变得越来越难了。

在不久的将来，随着人工智能的发展，我们也许可以不被以自我为中心的人烦扰。但在此之前，希望我们可以不断提高想象力，做到相互体谅。

235　接受变化

气候的变化、现实情况的变化、语言使用的变化、思考方式的变化、时代的变化……光是想想，我们就会深感世界的变化令人眼花缭乱。

为了接受变化，适应变化，我们必须寻求改变，调整自己的状态。一旦拒绝或没有注意到某些变化，我们就有可能失去难得的成长机会和成长空间。变化会让我们精神丰满，谋求改进，所以要善于接受变化。

236　对他人心怀尊重和敬意

很多人都会遇到这种情况：自己明明表现得很有礼貌，却总觉得有一种微妙的不协调感，或者对方的反应和自己预想的不一样，于是自己就会非常不安。

但是，回过头来看看自己的行为。如果你尊重对方，心怀敬意，你就应该对自己有信心。不管对方的态度如何，只要自己无愧于心就足够了。既然要尊重对方，就把自己的注意力放在礼仪上，不要拘泥于对方的言语和行为。

237　专注于自己的行为而不是他人的反应

　　过于在意对方的反应就会产生不安，因此你需要专注于自己正在做的事情，而非别人对你所做之事的反应。话虽如此，如果你过于自满，固执己见，不在意对方的反应，你可能就得不到成长。所以保持适度自信是较为理想的状态。

　　重要的是，你要怀着尊重对方的态度对待他人。如果你的礼仪是建立在这一基础之上，那么无论开始时如何糟糕，事情也将随着你每次的表达而日臻完善。

238　对方优先

在开门后说"您先请",是一项基本礼仪。也就是说,要把对方放在优先位置。可以说这是表示尊重和敬意的一项原则。

聚会时,如果因为某种原因你必须先离开,这时你要先跟对方打招呼"不好意思,失陪了",这表明你是把对方放在自己之前的位置,相信对方也能够谅解你。但是,即使被对方轻视了,也不要太过在意,只关注自己的问题就够了。

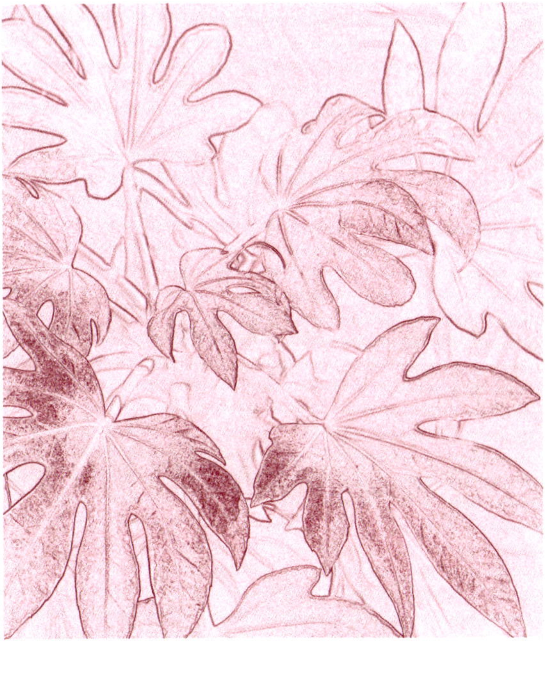

239 见不贤而内自省

有时对方可能想表现得礼貌些,但误用了词语,这种礼仪上的疏忽并非出于恶意,可能是因为对方太忙了,没时间思考吧。

即使自己因为别人的口误或因为某件事而遭遇失礼的目光,也不要放在心上,就让它过去吧。不要发怒或告诉对方"你很没礼貌",不如把这样的经历当作反思自己的机会,经常自省,并从中学习。

240　不要过于担心礼仪

即使有些许与礼仪不符的地方，但如果是美的行为，也是可以得到别人的原谅的。如果过度拘泥于遵守礼仪规则，或者过度纠结于对方的举止是否符合礼仪规范，就会破坏生活中的美。

特别是餐桌礼仪，即便你了解个中规则，也可能会因具体情况而意外出错。吃饭时不着急、不剩饭、小口吃，餐后只要保持着"和大家愉快地在一起"的心情，你就不会失礼逾矩。如果不是主宾，只要表现得悠闲自在，你就会给人一种从容不迫的沉着感。

241　美的生活由瞬间的选择积累而成

美的生活由一系列瞬间的选择积累而成。

小小的礼貌,每天愉快的关怀……与其想着以后再做这些事,不如当下就采取行动。

美的生活就是活在当下,享受当下。要实现这一点,就要珍惜一系列瞬间做出的选择。

如果有意识地每天践行,你就会自然而然地产生真实感和确信感。根据自己的审美意识,去积累自己认为美的东西吧!

242　不是寻找自我而是创造自我

我突然意识到，如今正是从精致生活中创造自我的时代。

以时尚为例，19世纪、20世纪层出不穷的时尚潮流让人深感兴奋并享受其中，现在回想起来，那只是一个个人被时尚潮流裹挟的时代而已。21世纪不是一个盲目追逐潮流的时代，而是属于时尚达人（聪明的时尚者）的时代，它提倡人们看清事物的本质，并创造出适合自己的风格！

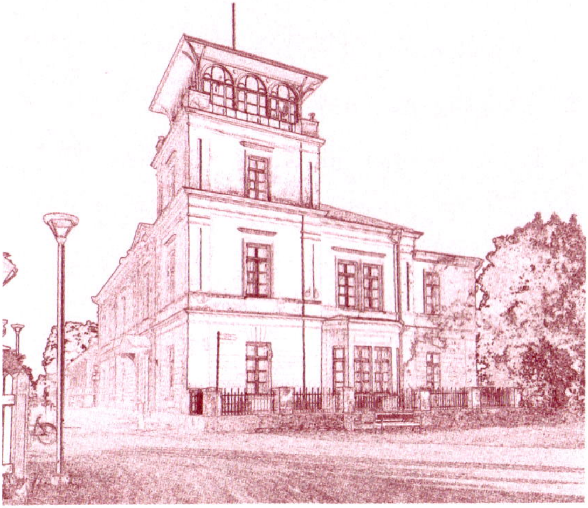

243　总是选择美

在日常生活中，要时刻注意自己的选择。

生活中充满了可以创作艺术的素材，你可以每天在餐桌上创作艺术，也可以从蔬菜的颜色中学习色彩。你房间里的每一个地方都可以成为艺术品，它们都在等待着合适的时机被发掘。

什么东西要收起来，什么东西要拿出来，把东西摆在哪里……就看你陈列物品时的心情了。不用深究那是不是艺术，让生活变得美好的意识和选择可以激发人的创造性思维。此外，生活中的一些试错对提升工作技能也有帮助。

从一个人每天做出的选择中，你就能看出他的生活方式。你现在做出的选择能让你在未来闪闪发光。

244 平安时代的"感染教育"

在日本平安时代,贵族子弟的教育是由在宅邸中担任家庭教师的女官负责的。紫式部、清少纳言等享誉世界的文学家就是优秀女官的代表。

据说这些女官对贵族子弟的教育就是"感染教育"。所谓的"感染",像病毒的传播一样,是一个模仿的过程。所以成年人应该树立一个好的榜样来影响孩子,反之亦然——不好的"感染"也会产生消极的影响。因此,无论"感染"是好是坏,这一方法对人们都是非常有效的。

245 美的"感染"

不安、不满、不快乐等情绪是会传染的。在"不确定的时代",谁都会感到不安,最终被这些消极的情绪"感染"。然后,这个"不确定的时代"便会升级为"看不见明天的时代"。

如果每个人都能将自己塑造成可靠的人,就会使更多的人产生共鸣,受到"感染"。因此,为了保持自己的个性走向明天,请善用"感染"的力量吧!

246　孩子是父母的翻版

在任何时代，孩子的教育中都有来自父母的"感染教育"。

孩子年龄虽小，有时候却能和父母说同样的话，使人真切地感受到"感染教育"的效果，比如，孩子们会模仿父母说话的样子，而说出与父母类似的话。在家庭内部，人们往往不会注意到这一点，但从旁观者的角度，很容易就能察觉到。因此，有句话说："想知道父母怎样，看他们的孩子就行。"

父母总想唠叨自己的孩子"这么做""那么做"，但如果你用行动和言语树立了一个好榜样，可能就不需要唠叨了。

247　微笑的感染力

　　如果你对别人微笑,对方也会回以微笑,如果你向别人打招呼,对方也会向你致意。积极的情绪往往能感染对方。

　　要注意不要被不安、不满等坏情绪感染。

　　无论何时,我们都是通过榜样来获得成长的。也就是说,我们通过模仿榜样而取得进步,然后再成为榜样——这才是一个理想的循环。

248　想感染自己时

　　想要做出改变时,模仿自己喜欢的榜样是最有效果、最迅速的一种方式。这种模仿并非简单的视觉上的模仿,比如学习一个人的时尚搭配等,而是要了解其思考方式,然后再对其进行效法。
　　当你有学习的意愿和热情时,你学到的东西会在潜移默化中成为自己思维方式的一部分。

249　想感染他人时

在对方问你的时候再回答,在对方想了解的时候再让对方感受到你的想法,这样才会产生好的效果。如果对方不感兴趣,你却强加于人,结果只能适得其反。先点燃对方的求知欲,让对方产生"这样做似乎会有用"的想法,要做到这一点,首先你要做出成绩。

当对方被你的行为所打动,对你的成果感兴趣时,"感染"他人的可能性就会提高。为此,你需要取得成果,并成为他人的榜样,这是非常重要的。

250　想把自己的思维方式传输给他人时

在"感染教育"中，思维方式的感染是级别最高的，也是难度最大的。不妨先将自己想要表达的想法简单地整理一下，让主题清晰易懂，这样你的想法实现的可能性也会提高。接下来我将告诉你如何结合主题进行思考。

你可以从引起对方的兴趣开始做起。如果他们对你的提议不感兴趣，试着询问他们对什么感兴趣，或者询问他们想做什么。即使一开始你得到的反馈可能很消极，一旦状况和环境发生变化，他们接受的可能性自然而然就会提高。

251　内心优雅,能所向披靡

如果你内心坚定、品格高尚,就不会因恐惧心理和身处逆境而气馁,不会迷失自我。这是高尚之人内在优雅的表现。

这种优雅会在不经意间美好而平静地传达给他人,让你得到他人的尊敬,如此,你的影响力会提升,别人对你的信任度也会提高。无论在职场还是家里,无论遇到何种状况,你都可以所向披靡。

品格是人性高度的一种体现,而你独特的品格是在自己认可的品质生活中培养出来的。

252 品格是一种简练的情感表达，是一种人性的高度

笔者所说的人性，是指人的性格。例如，从好的方面来说，人性是体谅、用心等一个人的内在品质。与其他动物仅靠本能生存不同，人的精神特质、心理活动等情感因素决定了我们的性格。

我们在保持情感（消极情感和积极情感）平衡的同时，也要保持良好的人际关系，与他人建立良好的情感纽带。

可以说，越是提升人性的高度，我们就会生活得越从容。和同自己气质相似的人在一起时，我们会觉得很舒服。即使人们存在性格差异，我们也应该把这种差异看作个性，并尽量接受它们。

253　品格是表达情感的一种方式

品格是表达情感的一种方式。也许有人会说，情感是不时涌现的不可控制的想法，我们都会被它牵制。但情感也是人类的一种智慧（情感智力），所以我们也可以对情感进行管理，并尽可能地将情感转换为品格。

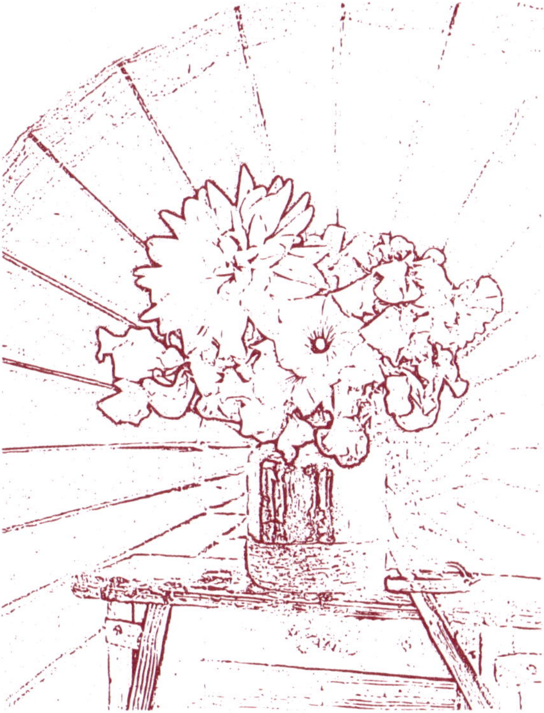

254 将"品格"置于感情的中心

在这个充满变数的时代,当我们无法预测未来会发生什么时,当我们无法把注意力从气候变化和灾难上移开时,就必须思考自己应该如何在这个时代生活,并去寻求一些支持。为了比现在更好地生活下去,我们需要不断探索。

改善人性的唯一答案就是培养品格。只要拥有品格,无论什么时候我们都能迅速地做好应对各种困难的准备。也可以说,品格是心灵的支柱。

255　依靠品格

我们有时会被以自我为中心的思想左右而失去理智。但是,如果内心坚定,品格高尚,我们就能在一瞬间认识到事物的重要性,并看清事物的全貌。

基于品格而产生的直觉力往往能够比逻辑智力更快地帮助我们条分缕析,理出头绪。

256　品格的情感表现

　　品格被认为是高尚的情感。人们可以通过努力来提升自己的品格。

　　当你看电视剧或者看小说时,试着大哭一场,这是一个有效的自我净化方法,它会让你的心灵变得通透。在现实生活中,如果被本能的情感牵着鼻子走,你就会变得疲惫不堪。尝试用不同的方式表达情感,你会发现不同的情感中蕴含着相似的品格。反复探寻,你就能找到属于自己的品格。

　　在生活中,试着去除不必要的东西,达到至纯至简的程度,以培养高尚品格为目标。一个人的品格,往往体现在其日常行为之中,因此,只有在生活中日积月累,你才能磨炼出珍贵的品格。当一个个小小的行为串联起来,成为你整体行为的一部分的时候,即可以说,你获得了有品格的情感。

257 "气度"是接受的极致

有"气度"是指接受他人的意见,并对其行为表示认同,这是一种心胸宽广的表现。如果你在反驳之前有接受对方意见的胸襟,就能减少彼此之间的分歧和尴尬。

接受并理解对方并不容易。即使已经准备好接受对方的想法,一旦对方的态度与自己预期的不同,你也会感到惊慌失措。

接受对方的方式有很多,用自己的"气度"接受对方就是用更包容的态度理解对方。只有客观地看待事态的好与坏,甚至客观地看待与自己有关的事情,才能称得上有"气度"。

258 将内心清空

为了接受更多的人或事,你可能想扩大心灵的容量,但是,如果只是一味地填塞,再宽广的心灵也会逐渐饱和。

要想保持"气度",就要先将内心清空。也就是说,不要把事情硬塞进心里,而是去检查那些已经放进心里的事物,然后把它们从心底拿出来——只要一遇到高兴的事情,就立刻把讨厌的事情从心里拿出来。管理情绪(心灵)和住宅物品的收纳一样,都要注意对物品的取放进行管理。

不要在意别人怎么对待你,即使对方的表现让你得出了遗憾的结论,也暂且接受它。

259　保持灵活性

有"气度"地接纳，就是海纳百川。能够接受的事情自不必说，但感觉到为难甚至违背自己心意的事情、觉得不好的事情也要将其暂且咽下。

一接受消极事物，心灵就会像中毒一样，这样不能称其为有"气度"，它的解药就是要具有灵活性。即使知道了一些令人讨厌的事和不好的事，你也不要告诉别人，而是让它在心中消失。但是这不是说做就能做到的，你可以将其作为终极目标。

260　做好准备去接受对方

有"气度"地接受对方的感情需要你做好心理准备。像共情、共有、共动、共生和共存等词所暗示的那样,接受对方的感情、心灵、语言和行为,这样会增进你们的关系,让彼此都觉得自己不是孤单一人。

内心拥有品格,就是要有"气度"地去接受困难,跨越障碍,和更多的人建立联系。

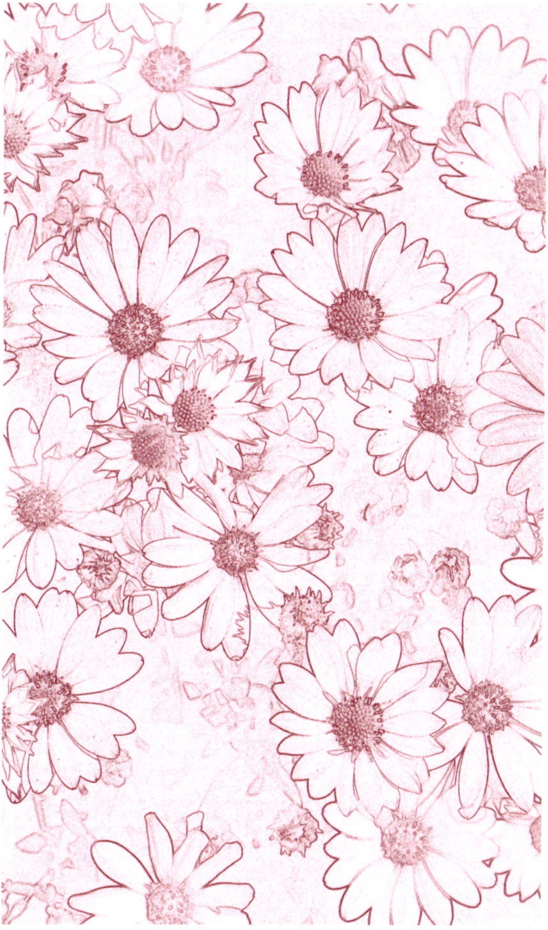

261 不抹杀自己的个性，"中立"地表现情感

在任何时候都不偏不倚，对谁都能保持中立的态度是有品格的表现。如果能以平和、中立的态度与人接触，你就会更有同理心，想法更有建设性，做事也更有效率。

保持中立的态度能让你很好地理解他人的情绪和人品，在此基础上，你可以更好地表达自己的情绪——拥有中立的情感，并不是压制自己的个性。

262　保持情感中立的练习

尝试拥有"无私"的习惯。如果能从客观的角度谈论任何话题，不以自我为中心，你的视野就会拓宽，心态也会更加从容。如果你用狭隘的视野看待对方，疲劳感瞬间就会袭来。

保持中立会让你更容易与他人产生共鸣（共情）。当你感受到与自然的共鸣时，就会觉得轻松。共情力是温柔的原点，不要急于评价别人，与别人比较。

在语言表达上，也要注意保持中立。对语言含义的理解因人而异，这可能导致许多误解的产生。最理想的表达方式是不极端、不偏颇。

"中庸"是中立之本，行为和情绪都不要极端，而是保持"中庸"。

263　恰到好处的交往

与周围人交往时也要保持中立,也就是说,要时刻注意"淡交",避免与他人过于亲近或者敌对。

在控制亲密距离的同时,也要避免与他人产生隔阂,即使产生了也要从自己身上找到原因并消除隔阂。要以客观和柔和的方式表达情绪,中立的情绪表达能使人保持头脑清醒。

264　委婉地表达

与别人沟通时也应保持中立的应答。要委婉地表达你的想法，不要露骨地指出问题，这是一种让人感到放松的表达方式。

例如，"尽可能试试看吧"，先肯定对方的意见，然后说"这个方法也不错啊！虽然看起来有点困难"，或者"我理解你想做这件事的心情，先试试看吧"，等等。

委婉表达是为了避免让谈话双方受到伤害，但委婉表达不能成为用暧昧的回答来掩盖、逃避问题的手段。希望你能成为懂得沉稳表达并且言语温和的语言高手。

265　中立的表现是终极的温柔

与对方进行眼神交流，表示自己接受并理解对方的情感，然后将你的想法用语言表达出来。通过换位思考，你可以提出建议来帮助对方，从而表达出你的关怀和真诚。

另外，不要找借口，不要抱怨，也不要把责任推给别人。注意不要争强好胜，不与他人比较。

引人注目是无益的，我们只要尽到自己应有的职责即可。如果做到保持中立，表现出中立的态度，你就能成为一个坚强而温柔的人，你也会拥有良好的个性。

266 用"非否定的语言"来守护温柔

在讨论、争论时,我们很容易否定对方的意见,这是因为每个人都有自己的立场和理由。在大多数情况下,讨论是为了达成某种目标,我们应该一边取舍一边总结。但有时比起讨论,人们更想打击对方。

如果不是政治、经济等方面的重大讨论,只是小范围的讨论、日常交换意见等,你就需要努力找到一个非否定的、有效的交流方式,用温柔可靠的话语构筑美好的人际关系。

267 注意用非否定的沟通方式

无论对方的意见是什么,暂且先不要去否定而是认可他吧。如果能换位思考彼此的发展方向,认识到困扰对方的问题,你们可能会同意彼此的选择,而不再将自己的意见强加给对方。对方甚至可能会改变原有的想法。

如果对方拒绝了你的意见,而你又以消极的态度来回应这种拒绝,你就不会继续成长。可以试着改变自己的态度,"原来如此,你指出的问题很重要",试着以此类回应委婉地对待被否定的事情，赋予对方否定的理由以价值。

无论在对话、邮件还是日记中，都要经常练习非否定的沟通方式。认同自己，接纳对方是让彼此的情绪平静下来，也是构建良好关系的基础。用非否定的沟通方式更能让对方接受你的想法，换句话说，这样也可以果断、清晰地传达你自己的想法。

268 不要深究问题

如果一场争论或谈话陷入僵局,就不要继续深究。接受这种情况,承认并观察它,先不要追根究底。

如果事情重要,你们应该会再次讨论,但再次讨论时不如换个环境试试。换个场合,换种气氛,或许就会想出好办法。

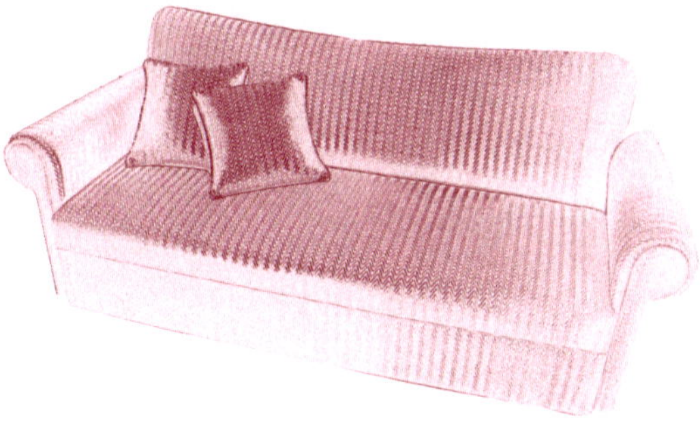

269 "留住温情"取决于与对方的距离

现代的社会状况是纷繁混乱的。比如，在人际关系中，你可能会被对方的无心之举影响。在生活中，虽然我们有意识地注意自己使用语言，对待感情和看待事物的方式，但也会经常受到他人的影响。

当今时代，人与人之间很难拥有完全一致的想法。对弱者的关怀，在路上的礼仪……由于各自的认知差异太大，人们似乎无法愉快地解决问题。即使在亲密的人际关系中，只要一个小小的错误，你的想法也可能被对方拒之门外。

希望人工智能技术的进步能尽快缓解社会混乱，解决缺乏礼仪等问题。在那之前，我们只能保持自律，舒适地生活下去。因此，内心拥有品格，即学会留住温情，对我们是很有帮助的。

270 让不稳定的情绪停止蔓延

无论多么冷漠的人,都需要温情。

拥有安定、温柔,不变的温情是很重要的,但很多时候,我们往往率性而为,让人与人之间的"温度"下降。

与关系密切的人有一段时间不见面,或者发生误解,在不愉快中度过了一段时间,你们的关系就会逐渐淡漠,而与其他人或者团体的交往则会逐渐成为你生活的中心。许多变化很容易改变人与人之间的温情,温情的改变会导致更多误解,使人难以做出准确的判断。

留住温情能维持人际关系的稳定。

271　留住温情

用同样的温情对待每个人,这就是品格。因此,努力保持内心的温情才是拥有品格的捷径。

留住温情不仅仅是保持一颗平常心,更是让内心温热、充盈。对方能否注意到你的温情并不重要。

如果对人、对物你都能公正看待的话,那你在感情表达方面就拥有相当高的水平了。希望我们都能拥有一种精准的直觉,不让自己因为感情用事而犯错。不为小事或喜或忧,不因琐事心绪难平,你就能保持内心的恬静平和。

272 内心拥有品格有可能避免歧视或偏见

为什么会产生歧视或偏见呢？那是因为人与人之间是有差别的。歧视和偏见，换句话说，就是各种各样的"未解决的隔阂"。当你总是怀着不喜欢、讨厌的情绪或心存芥蒂时，当你遇到什么不顺心的事情就想怪别人时，歧视、偏见的种子就被埋下了。

如果产生了歧视或偏见的种子，它又莫名其妙地消失了，这对自己来说也是健康的。如果用语言和态度将这种消极情绪表达出来的话，你就会觉得这是自己的意志了。为了不表现出歧视和偏见，拥有品格（留住温情）对我们来说也是很有帮助的。此外，使用非否定的语言也能减少歧视和偏见的产生。

273 恐惧会转化成偏见和歧视

即使你尽力压制歧视或偏见,它们也有可能在哪里扭曲地显现出来。你要承认自己有这样的情感,并在此基础上不让自己表现出歧视或偏见。例如,如果你意识到自己有歧视别人的想法,可以把自己想象成被歧视的一方。当你意识到自己有偏见的情绪时,可以问问自己:"真的是这样吗?""有根据吗?",反思一下自己是否过于狭隘。

虽说人人平等,但有些人还是通过性别、人种、职业、年龄、出生地等来评价、评判别人,这往往是人们无意识的行为。偏见是歧视的前提,正因为有偏见才会产生歧视。

对个性不同的人(尤其是与自己个性不同

的人）产生的情感恐惧往往表现为偏见和歧视。那么，有什么方法可以从根源上消除偏见和歧视呢？办法就是接受个体差异。

274 选择"不表现"的美

谁都会产生偏见和歧视的情感,能够做到不将其表现出来,则说明你拥有品格。

歧视和偏见是负面的情感,不表达负面的情感是一种品格。同样是情感的表达,如果你懂得丰富而美好的情感表达方式,偏见和歧视就会消失。高尚的品格可以支撑人们温柔地活下去。

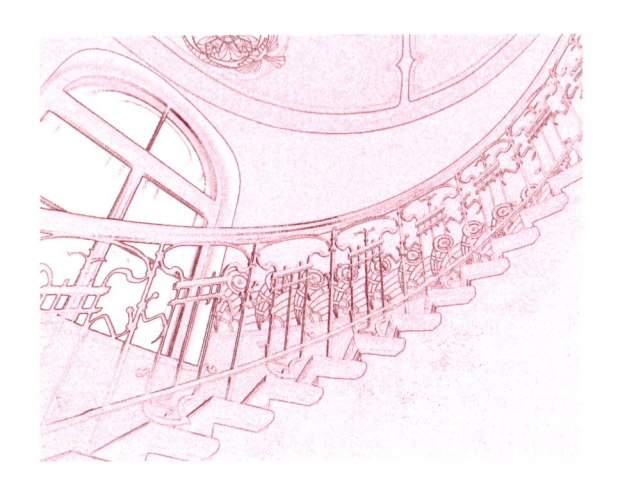

275　相信爱与品格会胜过一切

最理想的状况是,你不仅能避免产生偏见和歧视的情感,而且能将其从自己的脑海中抹去。

为了建立一个平等自由的社会,我们要用爱和品格来相互支撑。

当所有人都认为"爱与品格会胜过一切"的时候,品格这个词可能就没有单独存在的必要了。内心拥有品格,你的人生会更从容。

276 自信而谦虚是优雅的"内在状态"的光辉

从19世纪末到泡沫经济到来前的20世纪末,世俗意义上的地位一般以物质作为象征。从工业革命后威廉·莫里斯的工艺设计,到被称为"新艺术"和"装饰风艺术"的迷人物品,从维也纳工坊的建筑到生活用品的设计,再到随着时代发展产生的包豪斯的设计教育,还有高级品牌的服装和配饰……可以说是令人眼花缭乱的奢侈品产业时代的产物。

的确,品质高的物品会给人以力量,使用品质高的物品能够让人生活得更考究。然而,物品总有一天会变质、消失,而人们习得的优雅举止和行为却不会消失。始终优雅的举止和行为,才是优雅的"内在状态"的体现。

可以说,现在是一个不太需要物质的"美丽行为的时代",我们或许可以从中找到通往幸福产业时代的道路。

277　从财产所有到"内在状态"

从拥有的物品中获得安全感和满足感，"用物质来表现地位"的价值观已经得到了极大的改变，人们意识到，物质的增加并不能带来满足感。社会关注的焦点正在转向"无物生活"，比如极简主义。另外，人们也越来越关注精致生活。

为了掌握今后工作中不可缺少的创造性思维，我们要在日常生活中提高自己的感性能力。

创造性思维所需的感性是从"最小限度的优质物品、空间、时间"中培养出来的。品质生活是一种脱离物质的"内在状态"，在生活中积累美好行为是构筑"内在状态"的基础。

藤原定家有这样一首和歌，"樱花红叶遥望无，夕暮茅屋岸边秋"[1]。在简单的时间和空间里，人们所感受到的惬意并非物质的奢侈，而是在平衡和谐的氛围中生发出的人与人之间的联系。

---

[1] 引用翻译家郑民钦先生的译法。——译者注

278 塑造内在状态

在现代社会,人们会珍惜和共享高品质、美的物品,但现在已经不是为自己所拥有的物品而倾注热情的时代了。对人们而言,生活中使用的优质物品"少即是多"。

人们的工作技能和爱好在帮助其参与社会活动方面是有作用的,它们随着社会机制的改变而改变。人们的工作方式和生活空间也在发生着变化,工作的内容和物品的价值一样,不属于"地位"的概念范畴,适合自己的开心的事(工作)最重要。

符合自己的追求,让自己感到舒适的生活方式才是我们最应该关注的。

279 优雅的设计

好的设计,无论看起来多么简单,实际上也会比其他的设计更高一等,它体现着从自然界汲取灵感的人的品位,以及创作者特有的品格。

280　内在状态

　　如果拥有品格，你就不会失落，即使遇到逆境也有迎难而上的勇气，这就是所谓的"内在状态"。如果你总是积极地开阔自己的视野，拥有综合判断事物的能力，即使你表现得很谦虚，也能给人一种文雅之感。而且，如果你能够获得他人的信任，就不用依赖于展示自己拥有的东西（身份象征）等，可以依靠自己的人格力量而立足。

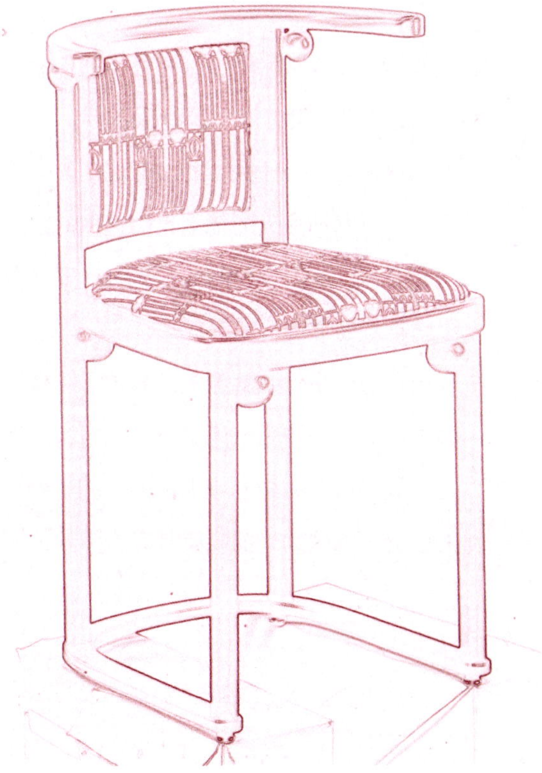

281　有气质的面孔

在生活中积累体现气质的行为，不知不觉你就能获得一副看起来很有气质的面孔。

◎ 美丽的眼睛。美丽的眼睛就要看美丽之物，努力发现他人的优点也会让你的眼睛光彩熠熠。看人或物的时候，身体要转向眼睛直视的方向。

◎ 温柔纯洁的眼神。就像父母看孩子一样，温柔纯洁的眼神是充满爱的。眼睛闪闪发光，能够给人一种展望未来的、充满希望的感觉。闪闪发光的眼睛是有魅力的。

◎ 美丽的嘴唇和动人的声音。说美丽的词语和美好的言语，你的说话方式会改变肌肉的线条。

◎ 有光泽的皮肤。当你健康的时候，你的皮肤就会有光泽，这说明你的免疫力也不错。

◎ 美丽纯净的心灵。如果拥有美丽纯净的心灵，你就具备了拥有气质面孔的基本条件。

282　自信而谦虚

要做到不依赖他人，准确地表达自己，同时也要拥有既强韧又温柔的品格。

平静的感情交流，也会带来连锁效应，在周围营造出一种平静的氛围。内心强大才是真正的优雅，以尊重之心对待他人，但不要把他人对自己的态度放在心上。

任何地方、任何场合都要保持举止柔和，行为优雅，虽然你的举止看似无意识、无防备，但它可以披荆斩棘。这就是内心有品格，有品格也是一种自信，品格支撑着你的从容。

283　品格形成的要点

◎ 巧妙地保持正确的礼仪是有礼貌的表现。

◎ 经验丰富,能够更好地给人一种干净之感。

◎ 在交流中,你要做到言行一致。

◎ 认可自己,也认可别人,温柔地对待自己和他人,保护自己,也保护别人。

◎ 不自卑,也不必争强好胜。

◎ 以简单的方式明确自己的方向,保持中立的态度。

◎ 善意地接受他人的意见,用利落的语言和干脆的态度表现出你的决心和责任感。

◎ 在想象力的基础上，拥有高度的感恩之心和同情心，胸襟宽广。
◎ 遵循整体的平衡，以多赢为目标。
◎ 不偏向任何一方，不表现出偏见或歧视。
◎ 保持内心的优雅，不动摇。

284 品格带来的东西

"自己什么也不是,接下来怎么办才好?"有的人可能会有这样的焦虑。品格的力量能缓解情绪低落,培养感性和审美,形成自己的主心骨。

如果你发现自己处于尴尬的境地,不知道该怎么办,那么品格能帮助你走出逆境,让你不迷失自我,振奋起来。

如果你有技能却又因为得不到认可而焦虑,那么品格的力量能让你从人群中脱颖而出。

对那些想知道人为什么要保持美丽的人来说,你需要知道,品格是温暖的恒久源泉,它能帮你通往高尚人性的巅峰。

后　记

2001年9月11日，美国同时发生了多起恐怖袭击事件。当时我在东京。我永远无法忘记自己看到晚间10点新闻中一架客机突然撞向纽约世贸中心并爆炸起火的实时新闻时，自己有多么震惊。

那时，我觉得21世纪将会有一种前所未有的巨大焦虑袭来。以前我从未经历和想象过的痛苦事件，并非在遥远的地方，而将会涌向我们身边。

我思考着要以怎样的姿态接受它，"品格"一词马上浮现在脑海。即使我失去了一切，也要在心里好好地保持"品格"。我想，今后我必须过一种优雅而坚定的生活。

2002年1月,在Discover21出版社干场弓子女士的努力下,《练习有气质》(《気品のルール》)出版了。

在那之后,太多的天灾人祸让我们感到疲倦。我们每天都在世界各地的新闻中看到不幸的事件,而实际上我们正身处其中。

越来越多的不安和不确定让我坐立不安,我思考着该怎样从深深的焦虑中走出来,我能做些什么来帮助那些与我有同样想法的人。当时的灵光一现,促成了这本书的出版。

让自己的日常生活行为变得美丽而优雅能够培养人的品格。品质生活是让日常行为变得美丽与优雅的基础。

关于美好生活和品质生活的书，我虽已经出版了几本，但似乎之前的一切都将我引向了《美，就行了：治愈身心的变美必修课》。

在一位在Discover21出版社工作的旧识大竹朝子女士的邀请下，我撰写了本书，她也为我提供了强有力的帮助，并促成了本书的出版。

希望痛苦的时代迎来终结，也希望正在努力认真生活的诸位能获得更多的幸福。即使遇到挫折也不要气馁，就让挫折成为你新的出发点吧。

美的事物可以消除人身体的疲劳，抚慰人的心灵。而如果我们把这种钢铁般的品格存于心中，就不会在逆境中屈服，相信品格的力量会支撑着我们，重新唤起我们的决心。

"美,就行了",也就是说爱和品格胜过一切。我专注于对美好生活的思考,也感谢大家在过去二十年里的支持,助我写成此书。同时我也希望随着时代的发展,我们可以思考出更快乐、更轻松的生活方式。

加藤惠美子

2022年8月

打造你的日常生活之美

1月

2月

3月

4月

5月

6月

7月

8月

9月

10月

11月

12月